U0162586

"芯"路丛书

● 复旦大学 组编
张卫 丛书主编

匠"芯"独运

集成电路的制造

俞少峰 丁士进 卢红亮 伍强 编著

上海科学普及出版社

图书在版编目（CIP）数据

匠"芯"独运：集成电路的制造 / 俞少峰等编著.
-- 上海：上海科学普及出版社，2022.10
（"芯"路丛书 / 张卫主编）
ISBN 978-7-5427-8274-8

Ⅰ.①匠… Ⅱ.①俞… Ⅲ.①集成电路工艺－青少年读物
Ⅳ.① TN405-49

中国版本图书馆 CIP 数据核字 (2022) 第 150994 号

出 品 人　张建德
策　　划　张建德　林晓峰　丁　楠
责任编辑　丁　楠
装帧设计　赵　斌

匠"芯"独运
——集成电路的制造
俞少峰　丁士进　卢红亮　伍　强　编著
上海科学普及出版社出版发行
（上海中山北路 832 号　邮政编码　200070）
http://www.pspsh.com

各地新华书店经销　启东市人民印刷有限公司印刷
开本 720×1000　1/16　印张 9.25　字数 120 000
2022 年 10 月第 1 版　2022 年 10 月第 1 次印刷

ISBN 978-7-5427-8274-8　定价：60.00 元

"'芯'路丛书"编委会

序　言

当今世界，芯片驱动世界，推动社会生产，影响人类生活！集成电路，被称为电子产品的"心脏"，是信息技术产业的核心。集成电路产业技术高度密集，是人类社会进入信息时代、智能时代的重要核心产业，是一个支撑经济社会发展，关系国家安全的战略性、基础性和先导性产业。在我们面临"百年未有之大变局"的形势下，集成电路更具有格外重要的意义。

当前，人工智能、集成电路、先进制造、量子信息、生命健康、脑科学、生物育种、空天科技、深地深海等前沿领域都是我们发展的重要方面。在这些领域要加强原创性、引领性科技攻关，不仅要在技术水平上不断提升，而且要推动创新链、产业链融合布局，培育壮大骨干企业，努力实现产业规模倍增，着力打造具有国际竞争力的产业创新发展高地。新形势下，对于从事这一领域的专业人员来说既是一种鼓励，更是一种鞭策，如何更好地服务国家战略科技，需要我们认真思索和大胆实践。

集成电路产业链长、流程复杂，包括原材料、设备、设计、制造和封装测试等五大部分，每一部分又包括诸多细分领域，涉及的知识面极为广泛，对人才的要求也非常高。高校是人才培养的重要基地，也是科技创新的重要策源地，应该在推动我国集成电路技术和产业发展过程中发挥重要作用。复旦大学是我国最早从事研究和发展微电子技术的单位之一。20世纪50年代，我国著名教育家、物理学家谢希德教授在复旦创建半导体物理专业，奠定了复旦大学微电子学科的办学根基。复旦大学微电子学院成立于2013年4月，是国家首批示范性微电子学院。

"'芯'路丛书"由复旦大学组织其微电子学院院长、教授张卫等从事一线教学科研的教授和专家组成编撰团队精心编写，与上海科学普及出版社联手打造，丛书的出版还得到了上海国盛（集团）有限公司的大力支持。丛书旨在进一步培育热爱集成电路事业的科技人才，解决制约我国集成电路产业发展的"卡脖子"问题，积极助推我国集成电路产业发展，在科学传播方面作出贡献。

　　该丛书读者定位为青少年，丛书从科普的角度全方位介绍集成电路技术和产业发展的历程，系统全面地向青少年读者推广与普及集成电路知识，让青少年读者从感兴趣入手，逐步激发他们对集成电路的感性认识，在他们的心中播撒爱"芯"的"种子"，进而学习、掌握"芯"知识，将来投身到这一领域，为我国集成电路技术提升和产业创新发展作出贡献。

　　本套丛书普及集成电路知识，传播科学方法，弘扬科学精神，是一套有价值、有深度、有趣味的优秀科普读物，对于青年学生和所有关心微电子技术发展的公众都有帮助。

中国科学院院士

2022 年 1 月

目　录

第一章　"神奇的小方块"

——集成电路和芯片

无处不在的芯片

在数字化普及的今天，大家对芯片一定不陌生。从手机电脑、电器设备、工业控制仪器，到汽车飞机，芯片无处不在，而且发挥日益重要的作用。虽然大家对"芯片"这个词耳熟能详，但到底芯片是什么？它是如何制造出来的？相信很多人都存有疑惑，也希望有所了解。这本书的目的就是将集成电路制造技术基本过程和主要环节简单地介绍给大家。

什么是半导体、集成电路及芯片

在今天各类媒体的新闻报道中，半导体、集成电路以及芯片是出现频率很高的名词，代表的意思大同小异，大家也明白它们是与信息社会核心的硬件相关的技术。大部分的读者都分不清它们之间的差异，其实芯片是具有信息采集、储存和处理的功能硬件，集成电路是芯片中包含的实现其功能的电路和器件，而半导体则是用来制备集成电路芯片的材料。

自然界的固体材料按其导电性质可大致分为三类：绝缘体、导体和半导体。顾名思义，绝缘体是不导电的固体材料，如玻璃、塑料及各类介电材料。导体则可以导通电流传递电信号，常见的导体有各类金属及多种金属化合物。半导体是导电特性介于绝缘体和导体之间的固体。纯的半导体材料通常不导电，掺入微量的适当杂质元素后可以有电学导通能力。从固体物理学角度看，半导体晶格中电子可占据的状态在能量上通常被分成有间隙的带状结构。有可占据电子状态的能量区域称为能带，没有可占据电子状态的能量状态区域被称为禁带。晶体中的电子按能量由低到高占据能带中的状态。在无掺杂情况下，晶体最外层电子会充满完整的某一个能带，而禁带之上的另一能带则完全空置。禁带限制了固体中电子的运动，使半导体导电性较不活跃。如果掺入的杂质元素外围带有比原半导体元素更多的电子，多余的电子只好部分占据上一能级，从而使半导体呈电子"富裕"型电学特性。这类掺杂半导体被称为"电子型半导体"或"N型半导体"。反之，如果被掺入的较原半导体元素带有更少外围电子的元素，原先充满的下能带中则会出现空缺，这通常被称为"空穴"。此类掺杂半导体也会出现电学活性，被称为"空穴型半导体"或"P型半导体"。利用N型和P型半导体不同电学特性形成的P-N结二极管、三极管、场效应管等器件结构便是构成集成电路的基础。半导体以第四族元素固体晶格材料为主。最早的半导体材料是锗（Ge），后来发展到硅（Si），它是目前最主要的半导体材料。除了第四族单元素半导体之外，三五族（III-V）或二六族（II-VI）化合物半导体材料，如砷化镓（GaAs）和磷化铟（InP），以其特殊的电学性能优势在光电和高频器件产品上获得广泛应用，被称为第二代化合物半导体。近年来，宽禁带化合物半导体在功率器件、特殊光电产品、高频高速器件应用上异军突起，如三五族的化合物氮化镓（GaN）和四四族化合物碳化硅（SiC）。这些被称为第三代化合物半导体。

原始的半导体元件只包含单个器件，如二极管、三极管、场效应管等。这些元件在电路板上用金属导线连接起来形成具有一定功能的电路。后来随着工艺能力的提高，人们发现可以将含多个器件的整个电路集中做在同一块半导体材料上，这便是集成电路。集成电路中的主动器件通常在处于底端的半导体衬底材料层中形成。器件之间的连线由上方的金属布线互连实现。根据需要，互连可由多层金属构成。金属层与器件层之间、金属层之间需要连接的部位由金属填充的导电通孔连接形成电路。器件与器件之间、器件层与金属层之间、不同金属层之间的其他部位通过充满不导电的氧化物、氮化物等绝缘材料实现电学隔离。最初的集成电路仅含屈指可数的少量器件组成。

经过 50 多年的技术发展，如今单个集成电路中包含的器件个数可达数十亿个，甚至高达几百亿个。单个器件的尺寸已远小于生物细胞，金属互连层数也达到十几层。

芯片是在半导体材料上的做成的集成电路产品。通常原始的半导体衬底材料呈现为圆形片状。如果是硅，我们称其为硅片。加工完成后，硅片会被切割成一块块方形或长方形小片，然后把这些小硅片封装在保护材料里，同时把 pin 脚引出到表面。这就是无数智能装置的核心组成——芯片！

 ## 半导体产品的应用和分类

半导体产品种类多样，应用也极其广泛，通常被分为：分立器件、光电器件、传感器和集成电路四大类别，如图 1.1 所示。

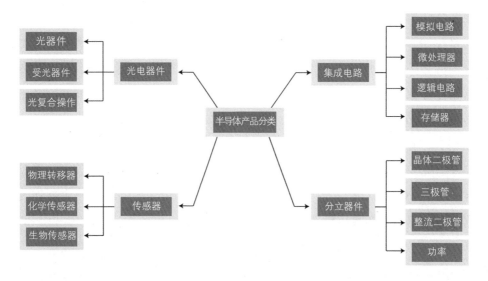

图 1.1　半导体产品分类

自然界中常见的二八定律，在半导体产品中体现得相当明显。前三类产品数量巨大，占总出货量的 80% 左右。集成电路产品虽然数量上只占 20%，但工艺技术相对复杂，成本较高，市场价值却占总量的 80%。我们常常讲的芯片主要是指集成电路产品。

从历史角度看，集成电路芯片按其集成的微电子器件数量可分为：器件总数在一百以下的小规模集成电路（SSI）；一万个器件以下的大规模集成电路（LSI）；十万个器件以下的超大规模集成电路（VLSI）；十万个器件以上的极大规模集成电路（ULSI）。然而，今天的大型数字电路芯片已远远超过所谓的极大规模集成电路的规模，集成器件数目常常需要以亿为单位来计算。

　　按芯片的功能可分为：模拟集成电路、数字集成电路、微处理器和集成电路存储器四大类。模拟电路用于处理连续数学函数形式的电信号，主要产品包括放大器接口电路、数据转换器、比较器、稳压器和基准电路等，应用领域涵盖通信、消费类、汽车和工业控制。数字电路产品是由许多的逻辑门组成的复杂电路。它以二进制逻辑代数为数学基础（即信号以 0 与 1 两个状态表示），使用二进制数字模式进行信号的处理，广泛地应用于电视、雷达、通信、电子计算机、自动控制、航天等领域。微处理器是一种功能强大的特殊数字电路产品，是各种数字化智能设备的关键部件，如计算机、手机、打印机、智能家电和数控机床。微处理器能完成提取指令、执行指令，以及与外界存储器和逻辑部件交换信息等操作，是智能设备的运算控制部件。集成电路存储器也是数字电路的特殊种类，主要用于以二进位的形式的数据存储，可分为易失性存储器和非易失性存储器两大类。易失性存储器的数据只能在电源支持下被存储，如动态随机存取存储器（Dynamic Random Access Memory，DRAM）和静态随机存取存储器（Static Random Access Memery，SRAM），有高密度或高速度的优势，主要用于配合其他数字或模拟电路共同实现运算功能。非易失性存储器在没有通电的情况下也可保存数据，典型的类别有 NAND、NOR 闪存、铁电、磁电、阻变、相变存储器等，主要作为数据存储的载体，在数字信息社会发挥着巨大作用。

4

芯片的构成

　　芯片中的集成电路是由许多器件单元连接构成。如果把芯片看成一个生物体，这些器件就相当于构成生物体的"细胞"。在不同类别的芯片里，器件的种类也各不相同。例如，传感器芯片的主要功能是感知外部信息，包括光、声、热、压力、运动、化学物质等信息。还有些芯片的功能是存储数据，主要分成易失性和非易失性两大类。两者的差异在于断电时数据是否会丢失。易失性存储通常作为临时存储辅助芯片或计算机的数值运算，代表性的种类

有 DRAM 和 SRAM。手机或电脑的运行内存就是 DRAM。非易失性存储器可在断电情况下长久保持数据。最常见的非易失性存储器是手机或电脑里的固态存储和便携式存储 U 盘。更多的芯片是进行信息处理和数值运算，如电脑 CPU（Central Processing Unit）、手机 AP（Application Processor）及各类电器中的 MCU（Microcontroller Unit）。

 器件——芯片的 "细胞"

实现电路功能的最基本单元是器件。不同的芯片种类所用的器件各不相同，其中用得最多的构成数字和模拟电路的基本器件是金属 – 氧化物 – 半导体场效应管（Metal Oxide Semiconductor Field Effect Transistor，MOSFET）。MOSFET 的基本结构如图 1.2 所示。

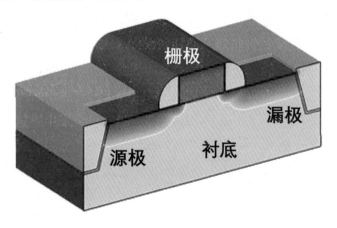

图 1.2　MOSFET 器件的基本结构

从图 1.2 中可以看到，MOSFET 器件有 4 个端口，分别是栅极（Gate）、源极（Source）、漏极（Drain）和衬底电极（Substrate）。器件是在半导体材料上制备得到的，绝大多数 MOSFET 是在硅半导体晶圆上得到的，但也可以是其他半导体材料，如锗、砷化镓、碳化硅、氮化镓等。源极和漏极是半导体衬底上形成的不同掺杂区域。如果源漏被重掺杂成 N 型，这种器件便被称为 NMOSFET 或 NMOS，反之，源漏重掺杂成 P 型则被称为 PMOSFET 或 PMOS。栅极处于源漏之间，但与衬底材料不直接连接，之间隔着一层绝缘介质。栅极虽然和衬底导电性上隔绝，但栅极电压对源漏之间的区域通过电场施加影响。当栅极与下方半导体之间的偏压超过一个阈值，源极与漏极之间会形成一个沟道导通源极与漏极，使电子或空穴可以通过沟道流通产生电流。简单来说，这个器件就是一个导电性由栅极电压控制的开关。

在早期的器件中，栅极由金属材料构成，栅极下面的绝缘介质是二氧化硅。自栅极向下是"金属""氧化物""半导体"的三层结构，而工作原理就是栅极通过电场控制半导体区域的导电性，故称为 MOS 场效应晶体管，或MOSFET。在集成电路工艺发展的过程中，人们发现栅极材料不是非金属不可，导电性好就可能成为备选材料。重掺杂的多晶硅就是非常好的栅极材料，与硅基的工艺有很好的兼容性，且易于沉积和刻蚀，有很好的耐工艺高温能力，也不会造成金属污染。尤为重要的是，多晶硅能带与硅衬底材料相同，与源漏同向重掺的多晶硅栅极器件较容易形成适合的阈值电压，而不会像金属材料那样，如果金属功函数控制不好，器件阈值电压会太高或太低。通俗来说，开关的阈值太高就会"打不开"，而阈值太低就会"关不上"。多晶硅在过去的几十年是 MOSFET 栅极的主流，发挥着重要作用。然而，它也不是十全十美的。它的主要缺点来自其本身的半导体材料特性，半导体材料中的电子态密度与金属相比要低得多，这会导致多晶硅与绝缘氧化物接触的底部出现一个小小的耗尽层。在栅氧化层厚度较大的工艺节点，这个耗尽层影响不大。但对于几十纳米（nm）的工艺节点，这个耗尽层会严重影响器件的开关效率。所以，从 45 nm 开始，金属栅又开始回归器件工艺，重新获得主流技术的应用。

栅极下方的氧化层看似平淡无奇，却是 MOSFET 器件中最关键的部位，被称为器件的心脏。如今硅之所以能够在许多种半导体材料中胜出，成为应用最广泛的衬底材料，与硅能够生长高质量的二氧化硅氧化层有直接关系。这层栅氧化层需要有以下特性：① 很好的绝缘能力，以阻止栅极与半导体中的源漏及衬底电极的漏电；② 氧化层与硅的低缺陷界面，减少界面固定电荷及陷阱电荷密度对器件电学稳定性的影响，同时减小对下方沟道载流子的散射作用，以维持良好的沟道载流子迁移率；③ 高质量的氧化层在偏压下能长时间地保持电学可靠性。

MOSFET 一代又一代的缩微，背后的一大功臣就是栅氧化层的不断变薄，同时保有以上的电学特性。氧化层变薄的主要好处是栅极对沟道的控制增强，

开关就变得更灵敏了，个头也可以做得更小了。然而，世界上没有无尽头的路，当二氧化硅栅绝缘层到了约 1 nm 厚的时候，从栅极通过栅氧化层隧穿到半导体衬底的电流已大到无法接受的程度。科学家和工程师们不得不寻找二氧化硅的替代材料。由于影响电子隧穿的是绝缘层的物理厚度，而决定栅极对沟道控制电场的是绝缘介质材料的电学厚度。电学厚度与物理厚度成正比，而与介电常数成反比。假如有绝缘介质材料的介电常数是二氧化硅的 5 倍，那么在同样物理厚度或隧穿程度下，以该材料为栅绝缘层的器件的等效电学厚度将会是原二氧化硅栅绝缘层的 1/5。当然，这种新栅绝缘层材料仍需要满足上面提到的关于界面态、迁移率、可靠性等几大要求。经过大量研发人员多年的不懈努力，产业界终于在 45 nm 节点引入了氧化铪栅绝缘介质材料。氧化铪理论上的介电常数是二氧化硅的约 6 倍，是名符其实的高 K 值栅介质材料。美中不足的是，氧化铪需通过原子层沉积方法生成，但不能直接沉积在硅沟道材料上，中间需要一层极薄的二氧化硅界面层，这样就降低了栅氧化层的有效介电常数。但是，如果不这样做，前节所列的栅绝缘层性能要求就无法满足。细心的读者可能已经发现，金属栅和氧化铪高 K 氧化层是在 45 nm 节点同时应用到现代集成电路制造工艺中的，看似巧合，实则不然。背后有复杂的技术原因，也是大量科研工作的结果。

源漏区域的主要作用有两个：一是器件导通时为沟道提供载流子，二是连接开关两端和外部电路。为了减少沟道之外的寄生串联电阻，源漏区与接触金属连线之间的界面通常会先形成一层金属属性的硅化物，如钛硅化合物、镍硅化合物、钴硅化合物等，这样下插接触孔中的金属与硅化物形成电阻值可降低至接近欧姆接触。源漏区的掺杂浓度越高越好，但源漏区的深度要控制在较浅的程度，否则，沟道中的电势会过多地被源漏电压影响，导致栅极的场效应控制作用减弱，器件开关就不那么灵敏了。

开关好坏的关键是"开"和"关"

上一节介绍了 MOSFET 器件的结构，也描述了它的基本工作原理。本质上，MOSFET 就是用栅极来控制源漏之间电导通性的开关。那衡量器件功能好坏的方法就和衡量一个开关好坏类似，那就是"关"的时候要关得越死越好，最好一点漏电都没有。而"开"的时候要尽量畅通，导通电流越大越好。

　　MOSFET 器件的开关特性的量化表征是器件的漏极电流随栅极电压的变化曲线，即 I_{DS}-V_{GS} 曲线，如图 1.3（b）所示。相应的器件端口定义如图 1.3（a）所示。由于是栅极电压产生的垂直方向电场对水平方向电流的影响曲线，故称为器件的电学转换特性。在不同源漏偏压下，有不同的 I_{DS}-V_{GS} 曲线。图 1.3（b）显示的是在源漏偏压为电路中的最大工作电压（V_{DD}）下的 I_{DS}-V_{GS} 曲线。如果用线性坐标来描述漏极电流（图中的蓝色曲线和坐标），栅极电压在某个值之下，漏极电流几乎为零。超过这个值以后，电流明显上升。这就是器件开关从"关闭"到"开启"的转换。这个临界栅极电压被称为阈值电压（Threshold Voltage）。然而，在阈值电压以下的"关闭"状态，漏极电流并不完全为零，被称为亚阈值区域。如果用对数坐标画同样的曲线（图中红色曲线和坐标），发现在阈值电压之下源漏电流随栅极电压指数下降。当栅极电压降到了零，也就是开关完全关死时，源漏之间仍残留的电流被称为最小"关态漏电"（Off-state leakage，Ioff）。相反，当栅极电压达到最大的偏压（V_{DD}），器件达到最大开启状态，这时的源漏电流被成为最大"开态电流"（On-state current，Ion）。

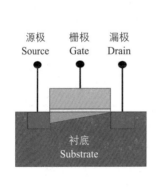

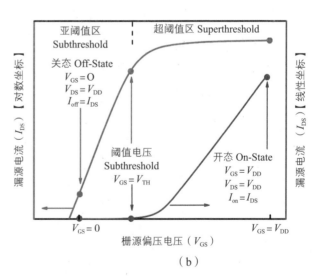

（a）　　　　　　　　　　　　　　　　　（b）

图 1.3　场效应晶体管的结构和电性

（a）器件结构；（b）源漏电流随栅源电压的变化。

有了以上的概念，大家不难理解，MOSFET器件优化的最主要目标就是开态电流的最大化和关态漏电的最小化。如果想象器件是个水龙头，就是关死的时候漏水最小，而全打开时水量最大。这个目标看似简单，但实际上相当复杂，因为器件作为一个整体，各种电学现象是互相关联、互相牵制的。就拿最简单的阈值电压的选取来看，如果亚阈值区域电流随栅电压的下降率不变，显然选取比较高的阈值电压技术就是把图1.3（b）中的曲线向右推移，这显然可有效地降低关态漏电。但是问题是如果电源电压 V_{DD} 保持不变，就是右边终点位置不变，开启状态下电流的上升空间变小，最大开态电流必然减小。所以，阈值电压的选取可以作为针对应用需求的优化参数，而不能根本上提升器件性能。以手机为例，如果器件的阈值电压较高，手机的待机时间就会变长，但看电影玩游戏可能会比较卡。反之，阈值电压选的比较低，用起来会比较通畅，但一会儿就没电了。

那么有没有手段可以本质上提升器件的绝对性能呢，答案是肯定的。我们先看关态漏电。从图1.3（b）的对数坐标曲线上不难看出，改善关态漏电的关键是亚阈值区域曲线的斜率，即亚阈值陡度。在同样的阈值电压下，亚阈值陡度越大，关态漏电就越低。那么如何加大亚阈值陡度呢？本质上亚阈值陡度反映的是沟道中载流子浓度对栅极电场变化的敏感度。显然，如果栅氧化层越薄，栅极作用越强。所以，减薄栅氧化层厚度是最直接的手段。其次，栅极电压的变化引起的电荷反应不仅发生在表面沟道区，同时也发生在体硅材料深处的耗尽层底部。这相当于一种分压作用。体硅内分到的部分越大，表面沟道区的敏感度就越小，亚阈值陡度就越差。如果能消除体硅耗尽层电荷对栅电极的响应，就可以让亚阈值陡度最大化。实现这个效应的方法有全耗尽型绝缘（Silicon-On-Insulator，SOI）技术、鳍型器件（FinFET）技术以及环栅器件（Gate All Around，or GAAFET）技术。

我们再来看看开态电流最大化有哪些手段。沟道内载流子的电流可以简单地表述成以下3个物理量的乘积：（1）沟道电荷密度；（2）沟道载流子迁移率；（3）源漏偏压。在最大开态电流条件下，源漏偏压为固定值等于 V_{DD}。在栅极偏压恒定的条件下，沟道电荷密度与栅氧化层的厚度成反比。这就产生了第一个解决方案：减薄栅氧化层的厚度。结合上述分析，栅氧化层厚度的减少是对关态漏电和开态电流同时有效的手段，故而成为集成电路器件工艺进化的最重要的指标之一。

　　下面我们再来看看沟道载流子的迁移率。由于载流子沟道形成在栅氧化层和半导体的界面附近，界面的状态，如粗糙度、缺陷、陷阱、固定电荷等，对载流子的散射有很大的影响。界面的晶格取向以及沟道电流的流动方向也对载流子的散射有很大的关联性。所以，界面状态的工艺优化和器件结构的设计是提高沟道迁移率的重要手段。沟道应力工程在先进工艺节点发挥越来越重要的作用，其原理是应力下微量的晶格结构的形变改变沟道载流子的有效质量，进而改变其散射特性和迁移率。研究发现沟道方向上拉伸性应力会改善 NMOS 电子载流子迁移率，而压缩性应力则提升 PMOS 空穴载流子的迁移率。在工艺中实现应力的方法有很多，用的最多的是在源漏区外延生长晶格常数略有差异的其他半导体材料，如锗硅。最后，提升沟道迁移率的革命性解决方案是用高迁移率材料替换硅。可以考虑的半导体材料包括：锗、锗硅、三五族化合物材料，如砷化镓、砷化铟镓、锑化铟等。由于对电子迁移率有利同时也对空穴迁移率有利的材料不易得到，研发人员不得不面对 NMOS 和 PMOS 使用不同沟道材料的困境。再加上其他材料性质和工艺复杂性的因素，目前沟道材料替代的技术仍处于科学研究阶段，尚未进入规模生产。

从"平房"到"楼房"

　　半导体芯片技术从最初的分立器件，也就是每个芯片中仅含一个器件，到集成电路整合工艺，每个芯片中有成千上万甚至数亿个器件。器件一直是二维平面结构的。整个芯片像古老的城镇，里面每个器件都像是一栋栋"平房"。随着芯片器件集成度的提高，楼和楼之间变得越来越拥挤，空间越来越不够用。就像现代城市演化规律一样，器件向上朝第三维度发展，"平房"变成"楼房"。如图 1.4 所示，在 MOSFET 器件的基本结构和工作原理不变的情况下，沟道从原来平躺在硅片表面的一片区域向空间隆起，变成了像鲨鱼背部鳍型的凸起。这也是鳍型器件（FinFET）名称的由来。在鳍型器件之后，将会向更为结构复杂的三维环栅器件（GAAFET）发展，预计将会出现线状的纳米线（Nanowire）和片状的纳米片（Nanosheet）两种不同的器件形态。无论是纳米线还是纳米片器件在垂直方向将会有多层沟道立体架构，很像城市中的多层高楼。

平面体硅器件 Planar Bulk MOSFET	平面绝缘硅器件 Planar SOI MOSFET	三维鳍型器件 3D FinFET	三维环栅器件 3D GAAFET
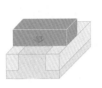			
栅极单面施压	栅极单面施压，底部支撑	栅极三面施压	栅极四面施压

图 1.4　MOSFET 器件结构从二维到三维的演化及栅极控制模式

　　与二维结构相比，三维器件的芯片表面积利用率明显可以得到提升。同时，栅极结构与半导体沟道之间的关系也发生了变化。平面器件栅极对沟道通过电场的作用只在一个方向上，而 FinFET 的栅极从三面夹住沟道，环栅器件，特别是纳米线器件，则是四个方向全面包围沟道。这些三维立体结构不仅省面积，也能加强栅极对沟道的控制。

　　上一节我们已经讲到，器件作为电学开关，最重要的是栅极对沟道开通和关闭的控制。图 1.4 形象地描述了器件结构演变时如何逐步加强栅极的控制作用。对于平面器件，来自栅极的电场作用就好像从上往下的单向施加压力。SOI 器件就像在底部添加了一个支撑，让栅极对沟道的作用得以加强。FinFET，则是双面或三面施压，进一步增强了沟道对栅极施压的敏感性。而环栅器件是四面同时施压，栅极对沟道的作用达到最大化。所以，从二维的平面器件和 SOI 器件，继而到三维的 FinFET 和 TriGate，最后到环栅器件。器件的开关特性在一步一步地增强。这是在面积利用率增强之外，器件从二维到三维进化更重要的原因。

　　在存储器领域，传统的非易失性闪存是含有一个浮栅的 MOSFET 结构。浮栅是在栅氧化层中增加一层多晶半导体材料，通常是多晶硅。之所以被称为浮栅是因为这个半导体夹层没有任何连线与外界相连。工作原理是在高电压下可以向浮栅层注入或排除电荷。在较低的工作电压下，浮栅层的电荷会保持恒定。器件的性能如阈值电压受浮栅层存储的电荷状态影响，形成"有电荷"和"无电荷"两个状态，对应存储"1"或"0"的状态。

　　用于大规模数据的闪存存储器通常由浮栅器件以串联方式形成阵列，输出信号为各器件存储的数据的与非门（NAND）运算结果，故此类闪存被称为 NAND 闪存。大家常用的 U 盘和电脑或手机中使用的固态存储都是 NAND 闪存。最初的 NAND 闪存是浮栅器件构成的二维阵列。随着内存容量的提高、器件密度的增加，二维 NAND 闪存发展到了垂直三维结构，相当于原本带阁楼（浮栅）的"小平房"，变成建筑在芯片上的"摩天大楼"。随着技术一代又一代的演进，"摩天大楼"的层数不断上升，从最初的 8 层、16 层，到现在最高的 128 层、256 层。在用户角度，这个革命性的技术升级带来的是闪存容量爆炸性提升，从兆字节水平跃升到千兆字节水平，而价格却没有大的变化。

摩尔定律及其背后的物理原理

1965 年，时任仙童半导体公司研发总监的戈登·摩尔（Gordon Moore）博士研究了当时仍处在婴儿期的集成电路芯片的历年数据后，发表了一个预测。他发现芯片中晶体管和其他电学元件的数目每年翻一倍，并预测这一趋势将继续延展至少 10 年。这就是著名的"摩尔定律"的 1.0 版。在摩尔提出最初的预测的 10 年后，他和英特尔同事戴维·豪斯（David House）将芯片中器件数量每年翻一倍修改成 2 年翻倍，同时芯片的性能每 18 个月提升一倍。这里的芯片性能可以理解为在同样功耗下芯片可实现的速度。这就是 1975 年修正后至今一直保持相当准确性的摩尔定律。

摩尔是个技术主管，但摩尔观察到并提出的摩尔定律却不是一个科学定律。器件的数目、集成度以及功耗和性能与芯片的价格都与市场竞争力息息相关。所以，摩尔定律实际上更像是一个经济学的经验规律。然而，仔细研究可以发现，其背后也是有深层的物理理论支撑的，其中最主要的是 IBM 科学家罗伯特·登纳德（Robert Dennard）在 1974 年提出的著名集成电路器件"缩放比例定律"。

罗伯特·登纳德是个富有激情且充满创造力的科学家。1966 年，34 岁的他发明了今天被广泛应用在各类计算设备中的 DRAM。在 1974 年发表的一篇论文中，他提出并具体描述了一个在日后产生了深远影响的想法，为整个半导体行业指明了发展道路。他为自己提出的"缩放比例定律"（现称为"登纳德缩放比例定律"）绘制了一个详细的模型。根据"登纳德缩放比例定律"，只要器件的关键尺寸：氧化层厚度、沟道长度、沟道宽度、源漏节深、源漏接触孔大小，以及后段金属互联线的线宽、厚度和层间隔离层高度，都以同样比例缩小，同时沟道掺杂浓度 Na 将以同样比例增加。在外加电源电压 V 也以同样比例减小的情况下，器件的电性速度将以同样比例增加，且单位面积的能耗将保持不变。即使每个芯片消耗的能量几乎保持不变，但是给定空间中能够容纳的晶体管数量会越来越多，而且它们的功能更强大，价格更低廉。

登纳德的"缩放比例定律"在过去的几十年中为集成电路工艺和器件工程师们提出了具体的器件缩放工作方案，在技术上指引行业工艺技术按摩尔定律方向不断前行。当然，即使有了理论指引，前进的道路也是充满挑战的。首先，器件尺度的缩小对光刻工艺提出越来越高的要求，光刻设备、光刻胶、光学邻近效应修正工具等技术的突破成为关键因素之一。同时，刻蚀、薄膜沉积、化学机械平坦化等工艺技术在更小的尺度上也面临各种挑战。其次，物理极限的逼近，使得器件的缩微变得越来越具挑战。比如，栅氧化层厚度减小到 1 nm 以下后，漏电成为拦路虎。还有，沟道掺杂浓度的不断上升导致 PN 结反向漏电电流的快速上升。理论计算和实际测量发现，当掺杂浓度从 $10^{18}\,cm^{-3}$ 升高到 $10^{19}\,cm^{-3}$，一个数量级的浓度升高会导致 PN 结漏电提高 6 个数量级。这些基础性的难题阻挠登纳德的"缩放比例定律"按简单的方式实施。近一二十年，虽然摩尔定律进入了艰难期，但全球半导体产业界仍然以顽强的精神，克服重重困难，基本保持了预定的发展趋势。在登纳德的基础理论之上，新结构、新材料成为创新的关键。

◎ 芯片技术的"多""快""好""省"

在商业上，业界通常用 PPAC 来衡量逻辑芯片制造技术。PPAC 是指芯片的功耗（Power）、性能（Performance）、面积（Area）和成本（Cost）。把顺序稍微调整一下就是中国人喜欢用的说法："多""快""好""省"。

简单来说，"多"：（Area）芯片面积利用率高，集成度大，元器件数目"多"；

"快"：（Performance）芯片性能高，器件速度"快"；

"好"：（Power）芯片耗能低，用起来感觉"好"；

"省"：（Cost）芯片成本低，花费上"省"。

说得更具体一些，在"多"这个方面，芯片器件集成度提高是摩尔定律最直接的结果。在摩尔定律发展的50年里，集成电路芯片中器件的数量从1960年代的几十个，发展到今天的亿的数量级。为了实现"多"的目的，芯片制造工艺需要解决超小尺度光学成像工艺、刻蚀及填充、薄膜等关键工艺难题，也必须面对缺陷、均匀性控制等良率挑战。

在"快"这个方面，数字芯片速度的最显著标志是时钟信号频率，从原始芯片的几赫兹到现代芯片的千兆赫兹，就是芯片速度的极大提升。为了实现芯片的高速性能，需要让前端器件的开态电流最大化，同时最小化后端金属互连的电阻电容。在设计上优化芯片架构和电路结构，并在软件层面优化算法和执行效率。

在"好"这个方面，芯片的能耗是芯片设计和芯片制造的关键技术指标，也是影响芯片用户体验的重要因素。在芯片性能达到要求的同时，芯片的能耗需降到最低。功耗分为静态功耗和动态功耗两个不同的类别，相应的解决方案分别是降低关态漏电，电源电压和芯片的电容负载。

在"省"这个方面，芯片的成本是产品市场成功的决定性因素。器件集成度的提高是减低芯片成本的最重要因素，因此，"省"直接受益于"多"。除此之外，制程的复杂度、掩膜层数、设备耗材使用和成品良率等工艺因素也对芯片成本有直接影响。

14

为了获得市场和客户的接受，每一代新技术都应在"多""快""好""省"中的至少一个方面有显著改善提升。其中，功耗和性能在一定程度上相互制约，比如，降低电源电压可以减少芯片功耗，但同时会减弱芯片性能。或压低器件的阈值电压可提升电路速度，但也同时会提高静态漏电。面积是指同样性能的芯片所占的硅片空间，是芯片器件集成度的衡量。其主要意义在于芯片的制造成本。因为在每一片硅片工艺制造成本基本固定的条件下，面积小的芯片每片硅晶圆片产出的芯片单元（Die）数量大，每颗芯片的成本就相应降低。

针对不同的应用，逻辑工艺器件大致可分为两类：高性能器件（High Performance）和低功耗器件（Low Power）。从历史角度来看，逻辑工艺技术的重大创新多是以满足高性能芯片应用为先。随后根据需求，通过调整器件参数、优化制程、降低成本，应用于低功耗芯片的制造。

高性能器件和低功耗器件的技术侧重点有所不同。以功耗为例，高性能器件的功耗以动态功耗为主，即电路状态转换所需能耗。按电学基本原理，动态功耗的主要决定因素是器件自身及周边电路的寄生电容和电路的电源电压。前者成正比关系，后者成平方关系。因此，电源电压的降低对高性能数字逻辑电路功耗的减少有重要意义。低功耗技术的应用主要是运算速度要求相对较低、待机时间长的芯片，如物联网（IoT）的应用。其功耗的主要因素是芯片的静态损耗。因此，低功耗技术关注的是器件沟道关闭后的静态漏电。

芯片产业的生态链

如果把芯片产业生态链想象成一个根深叶茂的大树，如图 1.5 所示，那它茂盛的枝叶就像是是各类芯片产品，在社会经济的各个领域发挥着重要作用，也与人们的生活、社交、娱乐息息相关。支撑广大芯片产品的树干，就

图 1.5　比拟成大树的芯片产业链

是芯片制造和封装。而它盘根错节、庞大的根系便是芯片制造和封装必不可少的装备和材料。

 ## 分工有序的"三大版块"

从技术领域和产业格局来划分，集成电路产业链可分为三大版块：设计、封装测试和制造。如图 1.6 所示，这三大版块分工有序、协调配合，形成集成电路有机结合的完整生态。由于占据在产业链上不同的环节，在产值和市场规模的统计上存在互相包含、难以清晰分割等的因素，这三大版块的相对规模和价值不易衡量。总体粗略估计，大致三分天下，其中，设计版块的总价值稍大一些，占 40%~50%，制造版块占 30%~40%，封装测试版块占 20%~30%。

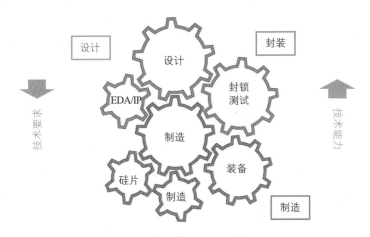

图 1.6　集成电路产业链的三大版块及其相互关系

晶圆制造、装备、材料共同组成芯片产业的制造版块。制造及封装所需的装备、硅片、掩膜、耗材等基础材料是集成电路产业链的最上游。也许在一般人的印象中与数字电子产品关联性不大。实际上它们在集成电路产业中起着举足轻重的作用，也是产业链中深度最大、涉及面最广的技术领域，与原材料、高纯度及特殊化学品、特种金属、精细加工、紧密仪器、高真空系统、大功率激光器、等离子体发生器、各种传感器、以及基于化学、光学、电磁学、力学、热学等各基础科学的物品和装置相关。以大家可能都听说过的 EUV 光刻机为例，整台机器有数以万计的零部件。光源是由超大功率激光器发出激光轰击锡液滴激发出 13.5 nm 波长的光。由于该波长的光会被透射棱镜的镜头材料吸收，EUV 光刻机内的全套聚焦光路需要使用金属曲面反射镜来实现。硅片台和掩膜台的对准和位移都需要控制在 1~2 nm 的精度。

制造版块的核心是制造工艺，也就是我们常说的晶圆制造。晶圆制造工厂可以是芯片产品公司的制造部门，也可以是独立的晶圆制造代工厂。晶圆制造厂的工作就是从空白的硅片开始，运用光刻、干湿法刻蚀、薄膜沉积、离子注入、化学机械研磨、氧化、退火、清洗等工艺手段，还有大量的在线物理检测，按设计客户制定的版图，经过几百至上千步工序在硅片上生成有规律排布的多个单芯片单元，并进行晶圆级电学检测，确保器件性能达到预设标准，不合格的硅片将会被剔除。晶圆制造水平通常由标志性的工艺图形上的尺度来衡量。如逻辑工艺技术通常由栅极的长度来标识，所谓的 28 nm、14 nm、7 nm 就是指芯片中栅极的最小长度为上述尺寸，当然，实际的器件尺寸并不一定完全与之一致。

晶圆制造完成后，含有芯片单元的合格硅片将会被送往封装厂。这就是芯片产业的另一版块，封装测试。在封装厂，硅片被切割成一个个芯片单元。然后根据产品公司的要求封装在最后成品的包装结构中。封装的方法、包装材料、管角结构有很多种，选取的考量包括工艺技术节点、芯片的应用环境及空间限制、芯片的散热要求、环境条件等。近年来，多芯片三维异质封装技术日益成熟，获得越来越多的应用和广泛的产业关注。多芯片三维异质封装也被称为系统级封装集成，相对简单一点的模式是用一个特殊互联芯片把不同功能、不同工艺，甚至不同衬底材料的芯片连接在一起，封装在一个包装结构中形成看上去与单芯片无异的成品。封装之后对芯片需做系统化的良率和性能测试。对很多产品，还需要做可靠性的加速耐用测试，以保证产品交付终端客户后能达到使用寿命要求。

芯片产业还有一个版块是设计。从产品角度看，设计是主角和抓手。设计公司根据产品的需求和工艺制造与封装的技术能力，完成芯片电路设计，生产出能与晶圆制造工厂对接的版图，并选定封装方案和技术指标。芯片完成制造和封装后，交付给设计公司。由设计公司贴上自己商标，进入市场。

在集成电路产业链的上游环节还包含一个规模不大但却极为重要的领

域，这便是电子设计自动化（Electronic Design Automation，EDA）。EDA 是一系列软件工具，大多数是用于芯片设计。以今天的芯片的复杂度，单靠人力而不依赖软件工具是完全不可能的，所以 EDA 对于芯片设计而言至关重要。EDA 工具也不全部是用于设计。工艺制造也有 TCAD（Technology CAD）和 OPC（Optical Proximity Correction）等。封装也有相应的计算机辅助软件。EDA 不仅用计算机辅助工程师进行设计和制造工作，同时也成为设计和制造技术交流的平台和桥梁。工艺能力和器件电性的描述是通过 EDA 工具的格式传递到设计端。设计端的结果，如版图，也是通过 EDA 平台交付给晶圆制造厂。

宏观来看，设计版块对封装设计和制造版块提出技术要求，而反过来，制造与封装向产品设计提供技术能力支撑。技术上的这种上下互动，使得产业技术水平螺旋循环式上升，同时也推动了产业规模的不断扩大。

 ## 进化中的"分分合合"

在集成电路产业发展的前期，即 20 世纪 60 至 80 年代，设计、制造和封装的业务都在同一芯片公司内部完成。图 1.6 中最大的三个齿轮：设计、制造、封装测试，在同一家公司内运转。部分 EDA 和 IP 也直接由芯片公司掌控。最早的芯片公司，如国际商用机器公司（IBM）、摩托罗拉（Motorola）、德州仪器（Texas Instruments）、英特尔（Intel）、惠普（Hewlett Packard）等都是以这种方式运作。这类芯片公司被称为 IDM（Integrated Device Manufacturer）。IDM 模式的最大优势是芯片产品从概念到市场全部由一家企业统筹规划，同一公司中各技术版块在信息交流反馈、工作沟通合作中有绝对优势。最初的电路相对都比较简单，器件结构和制造工艺是主要挑战，也是主要价值所在。随着集成电路技术的逐渐成熟，芯片里的电路也变得越来越复杂。芯片的主要价值和差异化移向了设计。与此同时，工艺节点的迈进，工艺精细度的提高，导致集成电路制造设备造价成本大幅提升。渐渐地，芯片公司中的制造部门成为公司在成本上难以承受的负担。而且，除非处于工艺技术的顶点，或拥有别人不具备的独门绝技，制造端无法为产品带来太多附加值。因此，芯片公司开始考虑放弃自身的制造能力，制造环节

外包给其他专业公司，自己专注做好芯片产品设计。

进入 20 世纪 80 年代，一个新的分工模式初现雏形。原来的芯片公司业务由三家独立运营的公司分工完成。芯片产品由设计公司负责设计，交由外部晶圆代工厂制造，最后由独立的封装厂完成成品。其中最重要的变化是设计与制造的分离。制造企业被称为"晶圆代工厂"（Foundry），设计公司则被称为"无工厂设计企业"（Fabless Design House）。这里不得不提到我国台湾地区的台湾积体电路制造公司，简称台积电（TSMC），及其创始人张忠谋博士。台积电是全球最早探索这个分工模式也是做得最成功的企业。张忠谋因此被誉为代工厂模式之父。得益于此商业模式的创新，台积电已超越英特尔成为全球集成电路制造技术的领导者，在全球芯片产业链中占有至关重要的地位。

最早的芯片工程师既精通器件、工艺，又懂电路设计。他们的工作同时覆盖两个方面，做到优化协调，以保证最终做出来的芯片达到预期要求。那么，在技术上如何确保"无工厂设计"+"晶圆代工厂"模式下做出来的芯片也可以达到这个要求呢？这里的关键是一个叫做"设计工具库"（Process Design Kit，PDK）的一组信息资料。如图 1.7 所示，PDK 是链接设计和制造这两个版块的桥梁。PDK 是晶圆代工厂根据其工艺能力提取出设计者需要的信息，如电路中允许的器件种类、器件性能模型、版图中允许的图形规则、电路中寄生电容电阻的提取模型、可靠性指标承诺、特殊电路元件设计，如 SRAM、Fuse，ESD、常用的基本电路设计单元库等。很多 PDK 内容的载体和表现形式基于 EDA 平台。对于设计者来说，PDK 提供了制造工厂工艺和

设计版块

PDK 设计工具库
（Process Design Kit）
· 器件模型
· 设计规则
· R/C 抽取
· LVS
· R/E spec
· 基础设计单元
· 设计单元库
· 其他

连接两个版块

制造版块

图 1.7　芯片产业的"无工厂设计"+"晶圆代工厂"模式

器件的相关信息。他们利用 PDK 进行电路设计、做时序验证，最后产生出符合 PDK 要求的版图然后交给晶圆代工厂去生产。只要他们的设计符合 PDK 的要求，芯片的性能和良率完全由代工厂负责。PDK 就像一份晶圆代工厂和设计公司之间的"技术合同"。代工厂提出 PDK 后，它必须也只需确保其工艺能力可以完全支持 PDK 中的承诺。设计公司则要确保它的设计完全符合 PDK 中的各项要求。理论上说，互相可以完全不知道彼此内部的运作也可以成功合作产出芯片。事实上，过去的 20 多年的历程的确证明了"无工厂设计"+"晶圆代工厂"模式是非常行之有效，特别在数字电路逻辑芯片产品方面已经成为业界主流模式，大大地推动了集成电路产业的发展。

现在，国际上除了英特尔、三星等少数的几家芯片企业仍坚持 IDM 的模式，绝大多数已经逐渐转换成代工厂模式。产品结构复杂的芯片大厂如德州仪器，则选择了在数字电路产品上采用了"无工厂设计"+"晶圆代工厂"的模式，而在模拟产品上保留了 IDM 模式。然而，世界上的事情总是不断发展变化的，芯片设计和制造的合作模式也在分分合合中不断被修正优化、日臻完善。在先进的技术节点，以 PDK 为基础的"无工厂设计"+"晶圆代工厂"合作模式面临不小的挑战。由于制程工艺日趋复杂，如何用 PDK 来精准全面地体现晶圆厂的工艺能力和局限，而且在工艺能力允许的条件下给予设计者最佳的性能和最大的灵活度，成为一个突出的问题。许多有规模的"无工厂设计"公司会在内部建立有晶圆代工厂经验的虚拟制造团队，专职对接晶圆厂，以确保他们设计的产品能够高良率生产并实现高性能。同时，为了更好地服务设计公司，晶圆代工厂内部也会建立功能齐全、职能庞大的设计服务部门，并随着技术节点的推进规模不断扩大。以台积电为例，其设计服务团队规模达几千人，远大于绝大多数的设计公司。这种设计和制造两边向中间发展、相互渗透的格局对完善"无工厂设计"+"晶圆代工厂"模式发挥了积极作用，但同时，也重新引起人们对"无工厂设计"+"晶圆代工厂"的模式和 IDM 模式哪个更有优势问题的关注。

其实，出现"无工厂设计"+"晶圆代工厂"芯片产业模式背后的深层原因是经济，主要的动力是降低成本和缩短产品从研发到市场的时间。技术上的挑战可以寻找技术上的解决方案。近年来很火的 DTCO（Design and Technology Co-Optimization）概念就是针对这个问题的。DTCO 的精髓是增加

工艺研发和产品设计的重叠，加强两者的结合协调。一方面，晶圆代工厂在定义技术指标、确定设计规则时不再单纯地从工艺和器件的角度出发，需要考虑到电路及芯片产品的性能和良率，PDK 的内容和形式需要突破传统的定式变得更加丰富和完善；另一方面，设计公司则深化原有的可制造化（Design for Manufacturing，DFM）的思路，在设计中更多考虑工艺及良率等因素，而不只是单纯地追求芯片的性能、面积、功耗等通常设计考量。DTCO的具体实施方法有下列几点：（1）加强工艺制造方与设计客户在技术研发的各个阶段的合作。在技术定义阶段就与先导客户密切合作，共同确定各技术指标对产品设计的重要性和优先级；（2）建立 DTCO 的流程和工具，利用仿真模拟结合实验数据的手段，以量化方式直接连接工艺参数与电路设计输出结果；（3）强化"设计应用实现（Design Enablement）"的作用。以 PDK 能力扩展提升和基本设计单元（Standard Cell Library）的版图设计优化为重点，建立工艺端与设计端之间更宽阔更全面的连接。

由于我国集成电路产业发展相对较晚，基本上错过了国际上以 IDM 为主的时期。21 世纪以来，设计和制造产业发展都很迅猛，采用的几乎都是国际上已成定式的"无工厂设计"+"晶圆代工厂"模式。近年来，国内有些呼声建议发展 IDM 模式。这些建议有一定道理，因为的确不是所有芯片产品都适合"无工厂设计"+"晶圆代工厂"的模式，如模拟电路产品。然而，对数字电路和其他很多芯片产品，"无工厂设计"+"晶圆代工厂"模式的优势明显依然存在且有增无减，由于制造设备和耗材价格成本每代以约 50% 的比例增加。在先进技术节点的技术合作挑战，相信可以借由 DTCO 等协同优化的创新手段得以解决。

第二章 "芯片是怎样炼成的"
——芯片的工艺制程

硅片的制备

半导体材料有很多种，因此，制造芯片的衬底材料也多种多样。可以是最早的半导体材料锗和硅，也可以是第二代化合物半导体的砷化镓和磷化铟等，或是被称为第三代化合物半导体的氮化镓和碳化硅。今天绝大多数的芯片仍是基于半导体材料硅。本章关于集成电路工艺的介绍也将以硅基芯片为主要对象。

 硅——大自然的馈赠

硅的化学符号是 Si，原子序数是 14，相对原子质量为 28.09，是元素周期表中的四价元素。科学家推测硅在宇宙中的储量排在第八位。在地球地壳中，硅的含量极为丰富，构成地壳总质量的 28% 左右。地壳的主要部分都是由含硅的岩石层构成的。这些岩石几乎全部是由硅石和各种硅酸盐组成。长石、云母、黏土、橄榄石、角闪石等都是硅酸盐类；水晶、玛瑙、碧石、蛋白石、石英、砂子、燧石等都是硅石。硅的应用领域广泛，从最早的陶瓷、玻璃工艺到现代光纤通信、宇航、电子等领域都有硅材料的应用。当然，今天硅成为家喻户晓的半导体材料要归功于集成电路芯片的广泛应用。可以说，

地球表面丰富的硅元素含量是大自然对人类的慷慨馈赠。

在稳定状态下，硅的最外层轨道有 4 个价电子。这对硅原子的导电性等方面起着主导作用。硅晶体中没有明显的自由电子，导电率远不及金属，导电率随温度升高而增大，所以具有半导体性质。在单晶硅中掺入微量的第三族元素，形成以空穴主导的 P 型硅半导体；掺入微量的第五族元素，则形成以电子主导的 N 型半导体，N 掺杂和 P 杂硅的导电性也大大提升。硅的晶体结构从晶体对称性角度分析，是两套面心立方体晶格在对角线方向错位 1/4 长度套构而成。从力学性质上这个结构非常坚固稳定，与硅同属四族的碳元素晶格结构中的一种相同，就是大家熟悉的金刚石，也就是深得女士们喜爱的钻石。故而，硅的晶体结构被归属于金刚石结构。

 单晶硅的提拉和切割

虽然，硅是地球含量最丰富的固体元素，但它多以化合物形态存在，极少以单质的形式在自然界出现。然而，如果我们想用硅作为芯片的衬底材料，它必须被制成高纯度单晶体硅片。于是从自然界中含硅的物质提取制备出单晶体硅片成了芯片制造技术的第一个关键步骤。硅片制造是个复杂的过程，需要消耗大量的能量。首先是从大自然中丰富的含硅的化合物中去除其他成分提取出纯硅固体原材料。通常，这种纯硅原材料是以多晶硅或无定形硅的形式开始硅片制造工厂的工艺流程。

硅晶圆制造工艺主要有两类，一是直拉法，英文称为 CZ 法，以该方法的发明人波兰科学家切克劳斯基（J. Czochralski）名字命名；二是区熔法（FZ 法，Floating Zone）。硅片制造的第一步，是把多晶硅或无定形硅材料通过热融化再结晶的方法，通过已是单晶结构的籽晶拉出长条柱状的单晶硅条，也就是通俗说法中的拉单晶。直拉法和区熔法的区别也在这一步。如图 2.1 所示的工艺的制备过程的第一步是以直拉法为例的。多晶硅原材料被放入由石英制成的"锅"（Crucible）里用石墨电阻通电加热融化，将带"把手杆"的硅单晶籽晶插入熔体表面进行熔接，然后边旋转边慢慢上提。被熔化的硅材料便在籽晶下按其晶格结构不断结晶生长，形成一条长长的柱状单晶硅锭。区熔法与直拉法的差别是硅材料熔化是在局部区域用高频线圈加热熔化硅材料，然后缓缓移动热源从靠近籽晶的一端移到另一端，形成柱状单晶硅锭。

区熔法的优点是产出的硅片纯度高、掺杂低，主要是因为不使用坩埚，因而不易受制造环境的影响。区熔法的缺点是成本数倍于直拉法，而且在 12 英寸（300 mm）大硅片制备上目前尚未有成熟技术，只能生产 8 英寸（200 mm）及以下硅片和化合物半导体。由于区熔法硅片的纯度高、掺杂低，在需要高电阻率的产品中应用广泛，如高压高功率、探测传感器等。而在大多数数字电路芯片产品应用方面，直拉法硅片占据主要市场份额，在 12 英寸及以上硅片尺寸上更是唯一的选择。前些年，业界领先的集成电路制造企业，为了降低成本曾试图将量产硅片尺寸进一步推进到 18 英寸（450 mm）。但因为没有得到产业链其他环节，主要是制造装备企业的有力跟进而被搁置。然而，硅片制造厂却已经成功地使用直拉法展示了 18 英寸硅片的制造能力。

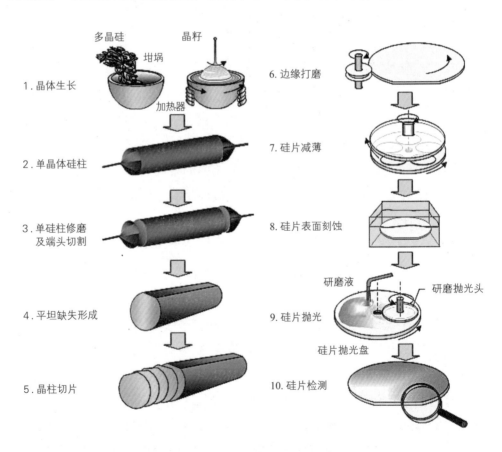

图 2.1　单晶硅片制造流程示意图

 硅片制造的其他步骤

拉单晶是硅片制造中最关键也是技术难度最大的一步。如图 2.1 所示，单晶硅柱拉制完成后，还有一系列后续步骤。首先，需要将硅柱的两端锥形区域切除磨平。然后，在晶柱的一边磨出一个小平坦缺失，目的是标识出特定的晶格方向，以便之后使用硅片时排布电路。通常对于硅片表面取向为（100）的硅片，平坦线的方向为 <110>，是将来的电路中的大多器件的电流导通方向。根据固体物理学原理，载流子在不同方向的电导率不尽相同，所以需要提供可识别晶格方向的方法。为了降低平坦缺失对硅片上芯片排布面积使用率的影响，后来的硅片用一个小小的尖型缺口来替代平坦缺失。

下一步是像切香肠一样把硅柱一片片切下，形成硅片。这个时候的硅片比较粗糙，还不能用于芯片制造使用，需要对硅片的边缘进行平整磨润，然后分三步对硅片研磨加工。先用粗磨减薄，然后用湿法刻蚀处理表面，最后用精细抛光达到硅片平整度要求。由此硅片厚度根据硅片的大小尺寸减到相应标准。6 英寸硅片的厚度约为 675 μm，8 英寸为 725 μm、12 英寸为 775 μm 左右。拉单晶技术和后续一系列处理的一个重要目的是控制硅片中杂质的含量。这里的杂质分为主动掺杂和有害杂质。主动掺杂通常为掺入硼、磷或砷等元素，形成 P 型或 N 型半导体硅片掺杂浓度通常在 10^{13} cm^{-3}~10^{16} cm^{-3} 之间。有害杂质主要是金属元素，对器件漏电极为有害，其含量必须控制在 ppb 量级以下。

前段工艺

对于不同的芯片，集成电路制造工艺制程有很多种，包括逻辑工艺、存储器工艺、传感器工艺等。它们工艺制程上的差别也很大。受篇幅限制，本章我们将主要以典型的平面 MOSFET 逻辑工艺为例，简要介绍一下 CMOS 器件工艺的主要制程。

制备 CMOS 器件的前段工艺制程需要图 2.2 所示的 12 个主要步骤。按功能可分为"器件区域形成及隔离""栅极制备""源漏电极形成"及"器件电极导出"四个工艺制程版块。

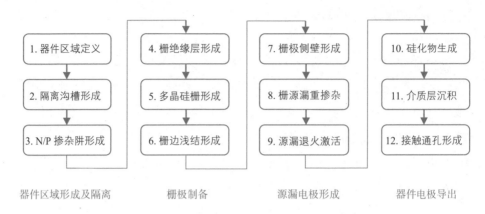

图 2.2　CMOS 前段工艺流程的主要步骤

器件区域形成及隔离

　　在工艺制程开始之前，原始的硅片表面 100% 是硅材料。为了形成电路和芯片，器件区域必须首先形成一个个互相隔离的分立硅"岛"，用以制备器件。这时，硅片不再是像镜子一样平整的光面，开始出现有复杂几何图案的芯片。把硅片从无图案变成有图案，用的手段就是光刻。光刻就是用光照射根据芯片电路设计好的版图制成的掩膜，通过硅片表面事先涂好的光刻胶的感光特性和显影工艺，把图案转化到光刻胶上，然后通过刻蚀方法进一步把图案转移到硅上或硅表面已沉积好的介质层上。在芯片制造的整个流程中，光刻会被用到许多次。通常芯片工艺制程的第一道精细的光刻步骤是区分硅片表面的活跃区和隔离区。通过光刻后的刻蚀，隔离区表面的一层硅材料将被去除，而活跃区表面的硅会被留下用于后续的器件形成。后续的每道光刻工艺，都需要和之前已完成的光刻图案对准，直接或间接，最终都是与第一道器件区域活跃层图案对准。

　　对于器件之间的电学隔离，工艺上方法有很多种。从历史发展来看，有最早期的 PN 结绝缘：就是形成 N/P 区域，并在电路运行中始终保持反向偏压；还有局部场氧化（Local Oxidation of Silicon，LOCOS）工艺，即先把器件区域用较薄的二氧化硅层和较厚的氮化硅层盖住，再在暴露出来的硅窗口上进行高温氧化，生成厚厚像枣核一样的二氧化硅隔离区。窗口边缘的形状

像尖尖的"鸟嘴（Birds beak）"。鸟嘴区为无用的过渡区，不利于高密度的集成。

目前逻辑工艺制程中最常用的是浅槽隔离（Shallow Trench Isolation，STI）。相比于上述 LOCOS 工艺，它可以有效降低鸟嘴区的宽度，浅槽隔离进一步提高了电路的集成度。浅槽隔离的工艺流程为：与 LOCOS 工艺类似，先沉积二氧化硅层和氮化硅层，通过光刻和刻蚀工艺在隔离区形成沟槽，如图 2.3（b）所示。再用高密度等离子体 CVD 工艺进行二氧化硅的填充，相比于传统的二氧化硅沉积方法来说，该方法不易形成空洞。随后用化学机械抛光的方法除去氮化硅层与多余的二氧化硅，达到在硅片上选择性保留厚氧化层的目的，如图 2.3（c）所示形成平整的表面，绿色部分为活跃区，其余为隔离区。

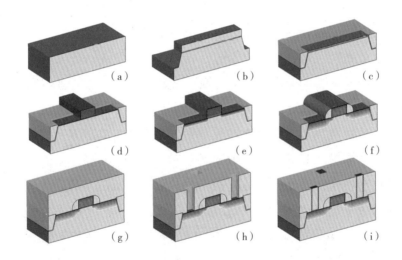

图 2.3　前段工艺主要步骤

浅槽隔离完成后，下一步就是形成器件坐落区域的衬底掺杂。CMOS 集成电路中必须在同一硅片上制备 N 沟和 P 沟器件，而众所周知，在给定的某一类型衬底上只可能制备一种类型的器件，即 PMOS 需要在 N 型硅衬底上制备；NMOS 需要在 P 型硅衬底上制备。为解决这一问题必须在衬底上制备掺杂类型与硅衬底原始掺杂类型相反的掺杂区域，我们将这些区域称为阱。阱通常是通过扩散或离子注入工艺形成的，掺杂为 N 型的称为 N 阱，掺杂为 P 型的称为 P 阱，而在同一硅片上形成 N 阱和 P 阱的称为双阱。常用的硅片出厂是已有轻微的 P 型掺杂，所以对有些芯片，P 阱不再需要再生成，用原衬底即可。但对大多数先进芯片，为了确保器件性能，N 阱和 P 阱需分别通过离子注入和退火来制备。

栅极制备

衬底的 N 阱和 P 阱完成后，下一步就是栅极的制备。首先，要生长极为关键的栅氧化层。为了保障栅氧化层的质量，通常要首先生长薄的牺牲氧化层。顾名思义，牺牲层在生长完成后，立即会被用湿法刻蚀去除掉，以保证硅表面的质量。经过严格的清洗步骤后，在炉管中成长真正的栅氧化层。在近代技术，为了增加栅氧化层的等效介电常数，栅氧化层中还会加入重剂量的氮元素，形成被称为 SiON 的介电栅绝缘层。

前面已经介绍过，在过去几十年 MOSFET 器件的发展历程中，导电栅极材料主要是多晶硅。只有在最原始的分立器件和最新 45 nm 之后的高 K 金属栅技术中，栅极才换为金属。即使在高 k 金属栅技术中，产业界普遍采用的栅极后期置换工艺，在这个步骤上仍使用多晶硅。多晶硅首先是按工艺设计要求沉积在整片硅片上，然后通过光刻和刻蚀方法，刻除多余的多晶硅，只留下用于器件栅极的多晶硅条，如图 2.3（d）所示。多晶硅条的宽度便是器件的栅极物理长度，对器件电性有相当大的影响，所以多晶硅光刻是整个工艺制程中最关键的光刻步骤之一。对于一代工艺技术，允许的最小多晶硅宽度，也就是最小器件栅极长度是标志性的尺度。我们常常听说的 90 nm、55 nm、40 nm、28 nm 等技术节点，指的就是最小多晶硅条宽度。当然，在最新的技术节点，如 14 nm、7 nm、5 nm，实际的多晶硅宽度或栅极长度已与节点名称发生很大偏离，真实的栅极长度已远远大于技术节点标记数值。这其中有诸多技术上和商业上的原因。

源漏电极的形成

栅极形成后在其两侧需要加上介电材料构成的电学绝缘层，被称为侧壁隔离层（Side Wall Spacer），用以隔断栅极与两侧源极和漏极的电流导通。

侧壁隔离层通常是多层结构。最内层是一层很薄的二氧化硅，通常是通过对多晶硅略微氧化形成，也可是通过沉积形成，被称为边缘隔离层（Offset Spacer）。之后，通过光刻掩膜图案先后将 N 沟和 P 沟道器件区域分别打开、盖住其他区域，离子注入与 N 沟或 P 沟道器件相匹配的 N 型或 P 型杂质。杂质被同时注入栅极多晶硅和两侧的硅衬底，中间被边缘隔离层隔断。这次离子注入的能量非常低，离子注入之后的退火也是快速简短，目的就是为了形成控制器件短沟道效应的超浅结，如图 2.3（e）所示。为了更有效地控制短沟道效应，在这个离子注入步骤还可以增加大角度斜入射的反向掺杂离子，及对 N 沟道器件注入 P 型杂质，反之亦然。总之，边缘隔离层后的离子注入步骤是决定器件电学性能优劣的关键的一步。

下一步是在栅极两侧边缘隔离层外形成较厚的侧壁隔离层，通常使用的材料是氮化硅。为了减小栅极和源漏极的寄生电容，在先进工艺中较低介电常数的掺杂如氧和碳特种氮化硅被越来越多地使用。侧壁隔离层的形成由两步完成：先跨越凸起的栅极沉积一层均匀的氮化硅，然后用各向异性垂直干法刻蚀去除栅极顶部和源漏区域平坦部分的氮化硅，侧壁自然残余的氮化硅就成为隔离层，用于栅和源漏的电学隔离。

接下来便是源漏区域的离子注入，过程和之前边缘隔离层后的离子注入类似。也是用掩膜和光刻选择性打开 N 沟或 P 沟道器件区域，盖住其他区域，先后进行相应的杂质注入。不同的是栅和源漏隔离层是较厚的氮化硅，注入的离子剂量和能量也比较大。多晶硅栅和源漏都需要比较浓的掺杂，原因有很多种。对于栅多晶硅，较高的掺杂可以减小在器件处于反型状态时栅极底部的载流子耗尽层的厚度，也将减小以后顶部将形成的硅化物与多晶硅的接触电阻。对于源漏区域，也有同样的硅化物形成和接触电阻的考虑。而且，由于较宽的侧壁隔离层的存在，深且浓的源漏掺杂区有利于电流输运同时不会对沟道产生太多不良影响。源漏离子注入后需要比较充分的退火来实现两个主要目的：其一是修复高能高剂量离子注入对硅衬底晶格的损害，其二是把掺杂原子推入晶格位置以激活其电性。图 2.3（f）所示为侧壁和源漏掺杂完成后的器件结构。

先进逻辑技术中的源漏工艺在近 20 年来发生了一个重要变化，那就是源漏的外延技术。源漏区域部分硅材料先被刻蚀掉，然后用外延方法在暴露的硅表面生长新晶态半导体材料，在生长的同时掺杂高浓度的源漏杂质元素。首先被应用的是 P 沟道器件的源漏上生长锗硅。由于锗硅的晶格常数比硅略大一些，晶体间的晶格常数差异在硅沟道中产生较大的压缩应力，对 P 型沟道中的空穴载流子迁移率有很大提升。结合外延时源漏的重掺杂和沟道迁移率的提高，P 沟道器件的电性大幅提高。工程师对 N 沟道器件也进行了大量的源漏外延材料的尝试，如外延碳化硅等，但都没有实现有效的拉伸应力效果。今天主流先进工艺 N 沟道源漏外延是生长含极高磷浓度的硅材料本身。虽然没有晶格常数差异带来的应力效应，具有高磷掺杂硅外延源漏的 N 沟道器件电性也有一定的提升作用。

 器件电极的导出

前段工艺的最后一步是将器件各电极从硅上引出，通过通孔与器件上方的金属层相连接。器件之间的电路连通则由多层的金属互连层来实现。需要接出的电极有顶部的栅极、器件两侧的源极和漏极，以及衬底电极。沟道和衬底阱的导出连接通常安排在器件外与阱的掺杂类别相同的重掺区域，且为同一阱中的多个器件共用。

通孔工艺的第一步是在栅极顶部及硅表面电极接触处形成硅化物。其作用是降低通孔中金属（通常为钨）与器件接触处的电阻。硅化物的生成是通过金属和表面暴露的硅发生化学反应而实现的。工艺的第一步是清理干净硅的表面，随后沉积一层可被硅化的金属。从历史上看，这种金属最早曾是钛，后来是钴，再后来是镍，最终又回到钛。然后，经过加温退火，金属与硅发生化合反应，形成低阻的硅化物。最后，用特殊溶液洗去未发生反应多余的金属。由于浅槽隔离区域表面的二氧化硅和器件侧壁隔离层上的氮化硅不会参与化学反应，剩余的区域或为栅极的顶部，或为源漏区域，或为衬底电极接触区，故而硅化物生成的过程通常不需光刻，被称为自对准工艺。自对准工艺避免了光刻套刻中可能产生的对准误差，增加工艺窗口，是集成电路制造技术中保障器件性能和产品良率的重要手段。

如图 2.3（g）所示，栅极和源漏硅化物生成后，硅上被沉积上一层较厚的介质材料层，把器件完全覆盖，成为隔离下部器件层和上面金属互连层的电学绝缘层（Inter Layer Dielectric，ILD）。由于栅极高于硅表面，这个介质隔离层需用化学机械研磨进行平坦化处理，否则后续的光刻将无法聚焦，难以形成精确的图案。下一步便是接触孔的生成。接触孔的功能就是产生电导通道将器件栅极和源漏电极与上层金属连通。制备工艺是用光刻成像及显影，在光刻胶上形成通孔图案。然后以光刻胶作为阻挡材料，在暴露的接触孔的部位用等离子体干法垂直刻蚀掉介质材料直达栅极顶部和源漏表面硅化物，如图 2.3（h）所示。之后在孔中填入金属材料钨。为了增加金属钨和介质侧壁的贴合并防止钨材料扩散到介质中，在填充钨之前通常先镀上一个薄的氮化钛／氮化钽叠层。由于工艺中金属填充物会覆盖整个硅片表面，最后必须再次使用化学机械研磨方法，磨去表面多余的金属和部分介质层厚度，让硅片表面平整且无可导致横向漏电的金属残留。在接触孔中则从上到下填满金属，以便后续通过金属互连来完成设计上需要的电路连接。至此，前段工艺便宣告完成。图 2.3（i）是通孔工艺完成后，前段工艺整合产生的器件结构。

后段工艺

通过前段工艺我们已经完成了每个单独器件的制备，然而器件之间需要按设计要求连接起来才能形成电路。这些电学连接可以通过多种方式实现。有些在前段工艺中已经形成，比如通过条状连续的栅极多晶硅或栅极金属形成器件间的共栅连接，也可能在体硅中共享源漏区域，在相邻的器件源漏间通过没有被栅极隔开的体硅相连。在这些前段工艺实现的电学连接中，金属硅化物的导电性十分重要。然而，构成电路完整性的绝大多数电学连接是在器件之上的多层金属完成的，而实现这些金属互连的工艺通常称为后段工艺。

连接器件的金属互联

上层金属互联由多层结构构成。金属层的数量由电路的复杂度和下层器件密度决定。最简单的芯片，金属层只有一两层，就足以实现所需电路连接。复杂的芯片，如英特尔最新的中央处理器，金属层可达 10 层以上。在金属互联的每一层里，金属线按设计分布，线间填充绝缘介质，保持不同金属线之间的电学隔离。金属层之间也由同样的绝缘介质隔离，称为层间介质（Inter Layer Dielectric，ILD）或金属间介质（Inter Metal Dielectric，IMD）。最底层金属与前段工艺已形成的接触孔相接。上下层金属线之间由通孔（Via）相连。后段金属互联系统就是被绝缘介质环抱的多层金属线和层间通孔组成的三维立体结构。而后段工艺整合则是制备这个结构的工艺制程。

后段金属互联使用的金属，最初是铝。后来，在线宽尺度较小的先进工艺制程中，中下层互联金属材料由铜取代铝成为主流。金属互联材料的选择主要基于以下考虑因素：电导率、易于制备形成、在高温和热氧环境下的稳定性，以及力学机械特性。选用铝和铜材料主要是因为它们在以上方面上具有优越性。线间和层间沉积介质材料选择则需要考虑的因素包括：电学的绝缘性、在持续电压下的抗击穿能力、抗潮湿能力、力学机械强度等，还有一个最重要的因素是介电常数。金属互联本质上是个 RC 网路结构。金属线和通孔组成三维电阻网。不同电位的金属线之间在电路运行中会产生交变耦合，等效于电路之间增加了额外负载电容，因而增加信号的 RC 延迟。在早期的集成电路芯片中，电路的速度几乎完全由前段器件的性能决定，金属互联带来的额外 RC 弛豫对芯片性能的影响很小。随着摩尔定律缩微的深入，后段电阻电容对电路的影响越来越大，减小金属互联线之间的电容成为工艺技术优化的重要任务。其中的关键就是降低后段工艺中的介质介电常数，就是大家常说的低介电常数介质技术（Low k Dielectric）。金属间的介质是以氧化硅为基础的绝缘材料，纯二氧化硅的相对介电常数是 3.9，为了降低介电常数，半导体装备材料公司需要对氧化硅进行改造加工。以美国应用材料公司提供的低 k 介质材料为例，通过 PECVD 方法生成的含碳和氢的氧化硅材料（SiCOH），沉积完成后再用紫外光照射处理（UV-Cure）形成含微孔的低 k 介质材料，商用名字为黑钻石（Black Diamond，BD）。第一代 BD1 材料，相对介电常数可达 3.0 左右，应用于 90/65 nm 技术节点。之后的改进版 BD2 相对介电常数降到 2.5~2.6，广泛应用于 40/28 nm 技术节点。最新的 BD3 可将相对介电常数最低降到 2.2，应用于 14 nm 及以下 FinFET 工艺技术节点。

早期的后段金属互联制备工艺与前段的栅极和接触孔工艺类似，主要通过沉积、光刻、刻蚀等步骤，形成金属线。线间和层间沉积低 K 介质材料，然后进行 UV-Cure 处理，再经过化学机械研磨（Chemical Mechanical

Planarization，CMP）磨平表面，在平坦的面上光刻并刻蚀形成通孔。接下来，将填充金属填入通孔后，再次进行 CMP 去除通孔以外部位的多余金属，并形成平坦表面以便后续工艺。依照同样的方法和步骤，可重复进行上层金属互联制备工艺。这种后段金属互联的工艺方法简单直接、易于理解，主要难点在于对于金属层的直接光刻和刻蚀。为了解决这个问题，在较为先进节点的铜后段制程中，另一种工艺制备方案被广泛应用。这就是著名的"大马士革（Damascene）"工艺。

"大马士革"工艺

在后段工艺中，金属层的沉积需要精确地控制厚度，然后被直接光刻和刻蚀成设计的宽度。这在工艺控制上相当有难度，尤其使用铜互联金属线时，干法刻蚀的效率非常低，工艺控制极为困难。为了解决这些问题，对于铜金属互联，一种灵感源自于古代中东工艺品制作中使用的金属镶嵌工艺被引入到集成电路后段铜互联制程，这就是"大马士革"工艺。

"大马士革"工艺的主要步骤有三步：（1）先沉积层间低 k 介质氧化物，介质层的上面和下面都另加上一层薄的阻挡层，所以是三明治式的三层沉积结构；（2）通过光刻图像成型，在介质层中金属线段或通孔的位置上刻蚀出连通下层互联结构的沟槽或孔洞；（3）填入金属，用化学机械研磨法磨去多余的金属并平整表面，这样就完成了此层的金属互联，同时也为下一层同样的工艺做好准备。简单地说，"大马士革"工艺的精髓是以刻蚀较为柔软的介质来替代刻蚀坚硬的金属材料，从而增加了工艺的控制能力。

在早期的铜"大马士革"工艺中，通孔和金属线是分别处理的，故称为"单大马士革"工艺（Single Damascene）。后来，人们把金属层和其下层的通孔工艺整合在一起，开发出"双大马士革"工艺（Dual Damascene）。在"双大马士革"工艺中通孔和金属线的光刻和刻蚀仍各有一次，但金属填充和 CMP 只用一次，减少了工艺步骤，提高了效率，目前已是铜互联的主流技术。"双大马士革"工艺根据通孔和金属线光刻／刻蚀的先后顺序和方法的不同，又可分为"通孔先"和"沟槽先"两种方式。顾名思义，"沟槽先"方式先光刻和刻蚀金属线对应的沟槽，再在已形成的介质沟槽中光刻刻蚀通孔图形。"通孔先"方式则先形成通孔图形,再形成金属线的沟槽。先光刻沟槽图形再形成下层通孔图形的顺序比较不直观,因为与结构的上下顺序不一致,但工艺上可以利用上层金属的图形来限定下层通过的位置,起到一定的自对准效果。工艺略微复杂,但将"双大马士革"工艺的特点发挥得更为深入。以下,我们将对自对准的"沟槽先"工艺的步骤做较为详细的介绍。

图 2.4 展示铜互联工艺的流程。如图 2.4(a)所示,在已完成的下层金属上沉积氮化硅(SiN/SiCN)阻挡和刻蚀停止层,随后沉积金属层间低 k 介质层(SiCOH),再在之上沉积氧化硅间隔层和氮化钽(TiN)硬刻蚀掩膜层(Hard Mask,HM)。硬刻蚀掩膜的作用后面再做解释。最后,在上面涂上光刻胶。为了更好地光刻成像,光刻胶下垫有一层防反光层(Anti-Reflective Coating,ARC)。如图 2.4(b)所示,以金属层沟槽图案的掩膜曝光,显影处理后光刻胶上出现金属层沟槽开口。如图 2.4(c)所示,通过刻蚀 TiN 将光刻胶上的金属沟槽图案转移到 TiN 硬掩膜层,随后去除光刻胶。由于 TiN 材料硬度远高于光刻胶,故称为硬掩膜层。之后的金属沟槽刻蚀将以 TiN 为掩膜层,这便是硬掩膜层的作用。如图 2.4(d)所示,与一般的干法刻蚀不同的是对低 k 介质的刻蚀不是马上进行,而是将金属沟槽的图案暂时存于硬

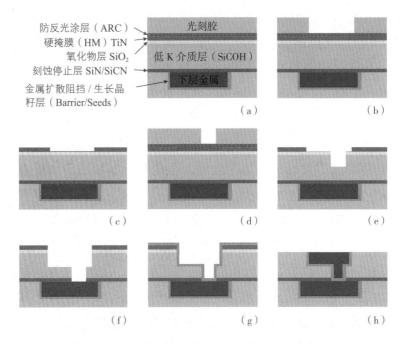

图 2.4 "双大马士革"工艺流程示意图

掩膜层中。下一步，再次涂上光刻胶，进行通孔图案的曝光显影成像。如图 2.4（e）所示，以光刻胶为掩膜进行通孔图案在低 k 介质层的刻蚀。这里有两个重点需要指出：一是这步刻蚀并不刻到底，而是部分刻蚀，留下与金属层相当的介质层厚度；二是通孔的刻蚀不仅以光掩模为阻挡，也会被 TiN 硬掩膜层阻挡，这样就确保了金属之下的通孔不会出现在非沟槽区域，这个方法也因此被称为自对准工艺，对光刻套刻要求可以有所放松，大大增强工艺窗口。下一步，如图 2.4（f）所示，以硬掩膜为阻挡层，进行沟槽刻蚀，同时完成通孔刻蚀。再下一步，如图 2.4（g）所示，先沉积金属扩散阻挡层和生长晶籽层，然后如图 2.4（h）所示，通过电镀方法填入铜金属，最后用化学机械研磨（CMP）磨去顶部多余的铜、TiN 硬掩膜及其他所有多余的材料，形成平整的金属层表面，完成此金属层的"双大马士革"工艺制程。之后，重复以上步骤可进行更上层金属和通孔的制备。

后段互联工艺就是这样一层一层地重复，不断叠加。当底部金属与前段器件相近，线宽比较窄，周期比较小时，工艺也最复杂。最先进光刻设备，如 EUV 光刻机，通常首先应用于低层金属互联的工艺制备。越往上走，金属的线宽和周期越大，工艺复杂度逐渐减小。顶部的金属结构，需要和封装工艺对接，尺度变得很大，对其力学性能要求变得更高。即使是铜后段制程，顶层金属也仍采用铝材料。后段工艺的最后一步是钝化（Passivation）和烧结（Sintering），以保护电路免受刮擦、污染和受潮。有多种可选的钝化层，氮化硅、氧化硅和聚酰亚胺（Polyimide）等。烧结是在氢和氮的混合气体中在 400℃左右的高温下退火，以利于芯片形成稳定的固态结构。

至此，传统的晶圆厂工艺制程就完成了。此时，经过加工的硅片仍是完整的一片。芯片的制备即将进入下一个阶段：封装。

 ## 互联的电阻电容和可靠性

与前段器件工艺相比，金属互联工艺看似比较简单，重复性强。实际上后段工艺技术是相当有挑战的。除了多层金属、多步工艺引入的缺陷是良率的主要杀手，后段金属工艺背后隐藏着一对根本的矛盾。金属图形的周期即是金属线宽和线间距离的总和。随着摩尔定律的不断深化，金属周期日益减小，于是线宽和间距的分配则成了一个零和游戏。

从电学性能来看，金属线电阻（R）和金属线之间的电容（C）是后段金属互联结构的最重要的电性指标。RC 的乘积决定了互联网络对芯片电路电信号传输的弛豫影响。线宽大了，金属线的电阻就可以减小。但是在周期恒定的情况下，线宽增加必然造成线间距的减小，从而导致电容的增加。反之，线宽小了，间距大了，电容变小了，但电阻增大了。总之，无法找到让电阻和电容同时变小的优化方向。由于电阻和电容对于线宽和间距都成反比关系，简单的数学分析便可得出 RC 乘积最小的极值发生在线宽和间距相等的情况下。这也就是为什么，大多金属层的设计规则都设成线宽和间距相等为周期的二分之一。但是，随着每一技术节点的金属周期的不断变小，整体后段金属互联的 RC 逐代上升。以至于在最先进的工艺节点，后段 RC 已从早期的可忽略不计发展成为可显著影响电路速度的关键因素。解决方案只有在材料上想办法，即使用导电性更好的金属材料和介电常数更低的金属间绝缘介质。

从可靠性来看，问题就更复杂了。影响后段金属互联的可靠性的失效机制主要有两个：电流作用下的金属线和通孔里的电子迁移（Electron Migration，EM）和电压作用下绝缘介质的经时击穿（Time Dependent Dielectric Breakdown，TDDB）。与电阻电容效应相似，金属尺寸对这两种可靠性的影响也是一对矛盾。在固定的金属周期限制下，金属线宽和通孔直径越大，抗 EM 能力就越强。但同时，金属间距变小，抗 TDDB 能力就变差。反之亦然。EM 和 TDDB 背后的物理机制相当复杂，相应的可靠性寿命与线宽和间距的定量关系远比电容电阻的简单反比关系来的复杂，通常是非线性的，也牵涉到其他变量。总结后段的可靠性的技术考量有以下几点：首先，金属线的周期的不断减少，对可靠性总体的冲击非常大。其次，在恒定的周期限制下，如何分配线宽和间距达到总体最优化的可靠性结果需要理论和实践上的细致探索。最后，严格控制工艺制程，加大工艺窗口，减小结构和性能上的波动性，是后段互联工艺的关键。

第三章 "芯片上的图像艺术"
——光刻工艺

什么是光刻技术

 芯片制造的核心技术

　　光刻（Photolithography）工艺是半导体集成电路工艺最重要的组成部分。如果没有光刻和与之配套的刻蚀工艺，硅片就永远是平坦乏味的一块平板而已。电路设计中器件的大小、排布和连接都要靠光刻技术把设计图形转移到硅片上。没有成熟匹配的光刻及其他制造工艺，超大规模集成电路设计得再先进，也只能停留在设计文档中，无法变成实物。在摩尔定律发展历程中的集成电路器件密度的每一次提升，背后的主要推手就是光刻技术。可以说没有光刻技术的不断进步，就没有集成电路的飞速发展。

　　那什么是光刻呢？简单来说，光刻就是以光为工具，将掩模版上预先设计好的图样按照一定的比例转移到衬底上的技术。随着摩尔定律的发展，芯片上的图形越来越密集，图案也越来越复杂。就拿金属互连层为例，集成电路器件密度的提高会让金属线的宽度越来越窄，线与线的间距也越来越小，这使得对光刻技术的要求也越来越高。在各种光刻技术方法中，使用最广泛的是投影式光刻。有光学基本常识的读者都知道，光在投影成像时，存在光学衍射效应。如果被投影图像的尺寸与光源波长接近时，投射出来的影像将与原图像有很大差异。为了提高图像的保真度，需要不断缩短光源的波长。所以在集成电路制造技术发展的过程中，光刻光源波长是光刻工艺先进性的重要标志。从早期使用的汞灯中的 g- 线（436 nm）、h- 线（405 nm）、i- 线（365 nm），到准分子激光的深紫外 DUV（Deep Ultra Violet）248 nm（氟化氪 KrF 激光），193 nm（氟化氩 ArF 激光）。目前光刻光源的最短波长是用红外激光激励锡滴发射的 13.5 nm 的极紫外 EUV（Extreme Ultra-Violet）。

采用投影式光刻的效率显而易见，大量的掩模版信息可以被一次投射到衬底上。比如 ASML 的 NXT2050i 型 193 nm 水浸没式光刻机可以在 1 小时内完成 295 片直径为 300 mn 的硅片曝光。如果把 45 nm 线宽当成曝光最小像素的边长，那么在 1 小时内可以完成 10^{16} 的复制。与其他光刻方法相比，例如扫描探针式光刻（Scan Probe Lithography），扫描电子束光刻（Scanning Electron Beam Lithography）等，投影式光刻的速度要快得多。以用来制作掩模版的扫描电子束光刻为例，其每小时只能完成 $10^{10} \sim 10^{11}$ 的复制。

光刻技术的基本原理

在各种光刻技术方法中，使用最广泛的是投影式光刻，包含两种投影方式：（1）接近—接触式投影方式。它是早期使用的方式，其基本原理是将带有图样的掩模版紧挨着硅片，光透过掩模版后直接将图样原封不动地投射到硅片上，也就是成像倍率为 1∶1；典型掩模版尺寸是 5 英寸，硅片是 4 英寸（直径 100 mm 的圆形），如美国的珀金·埃尔默（Perkin Elmer）公司的 Micralign 系列、瑞士的 Süss MJB4 型号等。也可以有更大的尺寸，如 150 mm、200 mm、300 mm 硅片，其结构原理图如图 3.1（a）所示。（2）物镜成像投影的方式。它是现在主流大规模集成电路生产所使用的方式。其基本原理是通过投影物镜将掩模版上的图样成像到硅片上，成像倍率一般是 4∶1，大家可以将其想象成一个缩小成像的超高精度的相机，当然实际的光刻光路和镜头设计要复杂得多。其中掩模版尺寸一般是 6 英寸的正方形，硅片现今最大是 12 英寸（直径 300 mm 的圆形），如图 3.1（b）所示。

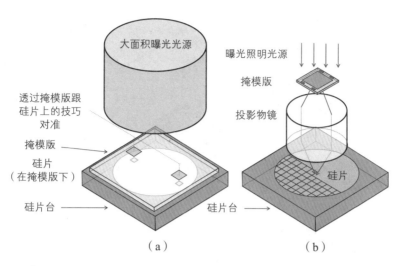

图 3.1　两种曝光方式原理图

（a）接触－接近式曝光（1∶1）的原理示意图;（b）缩小成像投影式曝光（4∶1）
的原理示意图。

在一个完整的芯片制造流程中，光刻可以多达几十层。光刻中至关重要的一环就是层与层之间的对准，若前后层没有做好对准，会造成器件的结构错位而无法正常工作，或者导线（例如芯片中外接电压的引线）之间错位造成线路断路或者短路，芯片就成了废品。那么刚才介绍的两种投影方式是怎样做到对准的呢？接近—接触式投影方式的对准简单明了：利用两台显微镜，直接用目视法将掩模版上的对准记号和硅片上的对准记号做套准，以前使用过空心的"F"字记号套实心的"F"字记号。这里图 3.1（a）为了示意，仅仅表示成大方框套小方框。物镜成像式投影方式一般有两种对准方式：直接对准和间接对准。直接对准就是将硅片和掩模版直接进行对准，利用激光器，如氦氖（He-Ne）发出的 632.8 nm 的红光将硅片上的对准记号照亮，并且通过曝光用的投影物镜将其成像到掩模版平面，跟掩模版的对准记号重合后一同投影到图像传感器上来对准，如图 3.2（a）所示。而间接对准的过程分为两步，将工件台作为中间媒介，如图 3.2（b）所示，首先通过对准显微镜将硅片上的对准记号跟工件台上的基准记号（Fiducial）对准，这个记号可以是放置在大面积光电传感器上的格栅，如荷兰阿斯麦光刻设备制造有限公司（ASML）的透射图像传感器（TIS），然后再通过"直接对准"方法，将工件台上的基准记号和掩模版上的记号对准。ASML 公司的方法是通过曝光光源将掩模版对准记号的像成在透

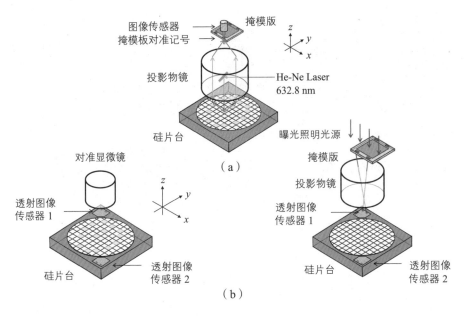

图 3.2 物镜投影成像的对准模式

（a）物镜成像式投影方式的直接对准模式（同轴对准光路）；（b）物镜成像式投影方式的间接对准模式（离轴对准模式），左图：先由硅片记号（黄色的曝光场被选定为对准使用的场）跟硅片工件台记号（透射图像传感器）通过对准显微镜对准，右图：再由工件台上的记号跟掩模版上的记号通过投影物镜对准。

射图像传感器的格栅上。由于掩模版对准记号的像是一组与透射图像传感器格栅具有相同周期和占空比的密集线条，如果两者对准的话，在格栅底部的光电传感器能够获得最大的光电信号。直接对准的缺点是需要将投影物镜设计成为既能对曝光用的紫外光成像，又能对对准用的可见光（对准不能用紫外光，否则会导致硅片曝光）成像，不得不考虑尽可能消减两种波长成像的差异（所谓"色差"），这显然增大了物镜的设计难度。而间接对准巧妙地回避了这个问题，在工件台与掩模版对准阶段可以使用曝光用紫外光，这样完全在投影镜头的能力范围之内，提高了对准精度。

细心的读者可能发现了，间接对准在进行第一步时，投影物镜没事可干。为了不让投影物镜闲着，提高曝光产能，同时拥有两个一模一样工件台的光刻机应运而生，如 ASML 公司的双工件台双工位光刻机。对准显微镜和曝光投影物镜固定不动，测量工位处对准，曝光工位处曝光，两个工位各司其职。曝光完成后，两个工位处的工件台互相交换工位，曝光工位上硅片被

40

传送到涂胶—显影一体机后，曝光工位迎来新的硅片，原测量工位上硅片开始曝光。整个过程如此循环，流水线式的工作衔接使投影物镜几乎一直处于工作状态，大大提高了光刻机的工作效率。日本尼康公司（Nikon）设计了另外一种双工件台，包含一大一小两个移动平台，其一为硅片台，另外一个为测量台，如S62X，63X系列，对准显微镜固定在投影物镜侧壁上，且只有硅片台能够装载硅片曝光。每次曝光之后，硅片台从投影物镜下方移开，将完成曝光的硅片送到轨道机，并接收新的硅片。与此同时，测量台紧跟着依次移动到投影物镜和对准显微镜下方，测量新的掩模版和对准显微镜之间的位置差。当硅片台装载新硅片回来时，对准显微镜和掩模版的相对位置已经知道了，只需要用对准显微镜对硅片做对准后，就可以直接移动到投影物镜下曝光了。一般来说，硅片对准需要对准硅片上多个对准记号，如有16对进行测量，而掩模版对准一般只要对4对对准记号进行测量。ASML公司的方法将硅片对准平行于曝光完成，而Nikon公司将掩模版对准平行于上下片完成。从原理上讲，前者的效率要高些。

光刻的工艺技术——光刻曝光显影工艺的8个步骤

光刻曝光显影工艺一般包括8个步骤：第一步，表面增粘，又叫做疏水化处理；第二步，涂覆抗反射层和光刻胶；第三步，前烘焙，又叫做软烘；第四步，对准和曝光；第五步，后烘焙；第六步，显影和冲洗；第七步，显影后烘焙，又叫做坚膜烘焙；第八步，测量，如图3.3（a）所示。

图3.3（b）是轨道—光刻一体机的截面图，其中在轨道机腔体内水平和垂直方向上均有很多硅片槽。这些硅片槽有不同的功能，例如涂胶、烘焙、冷却，显影等。一般来说，硅片从轨道机入口进入，经过步骤1、2、3（阶段Ⅰ）后经缓冲腔（阶段Ⅱ）进入光刻机曝光（阶段Ⅲ），经过缓冲腔（阶段Ⅳ）再次进入轨道机，再完成步骤5、6、7（阶段Ⅴ）后从轨道机出口出来（轨道机一般有4个进出口，入口出口共用），再去测量设备与硅片的光刻结果。还有一些轨道机和光刻机是完全分离的，硅片在轨道机中完成步骤1、2、3后，先放置回硅片盒，再拿到光刻机中曝光，曝光完成后再去轨道机完成步骤5、6、7。但是在现在生产型工厂一般都使用轨道—光刻一体机。

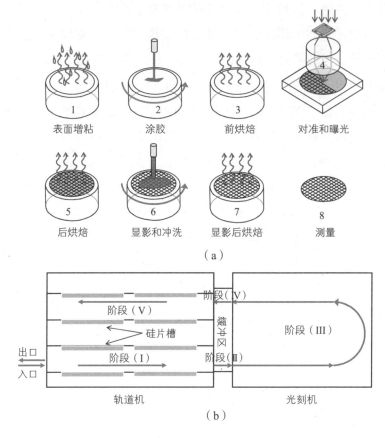

图 3.3　光刻的曝光工艺流程与轨道机的结构示意图

（a）8 步光刻曝光显影流程示意图：HMDS 表面增粘、涂胶（抗反射层和光刻胶）曝光前烘焙、对准和曝光、曝光后烘焙、显影和冲洗、显影后烘焙、测量；（b）轨道—光刻一体机的截面图。

　　表面增粘是因为含有自然氧化层的硅片比较亲水，而疏水的光刻胶在此硅片表面附着性差。在温度为 100~250℃（现今一般不会超过 150℃）时，将硅片暴露在六甲基二硅胺脘（HexaMethylDiSilazane，HMDS）蒸汽中 30~60 秒，使硅片表面接上疏水的甲基，以实现硅片表面与疏水的光刻胶紧密连接的目的。

　　光刻工艺中的涂胶过程一般分为两步：匀胶转动和成膜转动。一般来说，匀胶转动过程会使用较高的角加速度（如 10000 转 / 秒平方）和较高的速度（如 2000~2500 转 / 分钟）持续转动 2~3 秒。利用离心力，在最短时间内将最先喷涂在硅片中央的抗反射层或光刻胶迅速地扩展到整个硅片上，然后再进行确定膜厚的转动，也叫成膜转动。成膜的厚度主要通过转速来控制，厚度与成膜转速的平方根成反比，例如，当速度由 600 变化到 2500 转 / 分钟时，对应厚度有约 2 倍的变化。为了避免缺陷的产生，匀胶转动不宜太快，也不宜太慢，太快可能导致表面来不及润湿而产生气泡，太慢可能导致膜厚均匀性变差。还需注意的是，轨道机内成膜硅片槽旁边的排风需要维持一定的压强，否则硅片转台旋转时甩出去的光刻胶和溶剂可能会回溅到硅片上导致缺陷。光刻胶的厚度需要根据工艺要求来确定，从其阻挡刻蚀的角度来说，光刻胶越厚越好，最好刻蚀完成后光刻胶还有较多剩余，这样的情况我们称作刻蚀工艺拥有较大的工艺窗口。但是，从光刻工艺的角度来说，每道光刻工艺需要投影物镜对焦和成像，成像拥有的焦深一般都不会太大。如 32/28 nm 技术节点采用 193 nm 浸没式光刻，其焦深为 80~150 nm，光刻胶的厚度一般不会超过这个数值。对于 180 nm 或者更加先进的技术节点，抗反射层成为必须。抗反射层从抑制衬底反射的角度来说是越厚越好。但是，对于刻蚀来说正好相反，抗反射层由于一般不能被显影打开，主要通过干法刻蚀消耗一部分光刻胶来打开，抗反射层越薄，消耗光刻胶就越少，刻蚀工艺窗口就越大；如果抗反射太厚，会出现光刻胶已经被消耗完，而抗反射层还没有打开的情况，造成光刻图形不能真实地转移到硅片上。

当光刻胶被旋涂在硅片表面后，必须经过烘焙，以驱赶溶剂，这种烘焙由于在曝光前进行所以称为曝光前烘焙，简称前烘。涂胶后的烘焙，又叫做涂胶后烘焙（Post Application Bake，PAB）。前烘后就进行对准和曝光。

曝光后进入到曝光后烘焙（Post Exposure Bake，PEB），简称后烘。这一步主要是促使光化学反应的完成。对于化学放大型光刻胶，这一步是为了完成光酸催化的聚合物脱保护（Deprotection）反应。

后烘完成后进入显影和冲洗步骤，其目的是为了去除已经完成光化学反应且需要被去除的那部分光刻胶材料。除了负显影和负胶以外，一般使用质量比为 2.38% 的四甲基氢氧化铵（Tetra Methyl Ammonium Hydroxide，TMAH）水溶液为显影液，去离子水为冲洗液。显影和冲洗阶段经历了多年的改进，显影喷头从 H 型、E2/3 型、线型扫描型（Linear Drive，LD），发展到现在 193 nm 浸没式光刻机中的 GP/MGP 型。目的都是为了尽量使得整个硅片范围获得均匀剂量的显影液，并且更加有效地将显影后光刻胶的残留带离硅片，防止形成缺陷。

为了提高对湿法刻蚀液的阻挡能力，一般在湿法刻蚀前进行显影完成后的坚膜烘焙（Post Bake，PB），尽量去除光刻胶图形当中多余的水分。对于干法刻蚀则可以省略该步工艺。

硅片曝光显影完成后，需要对线宽和套刻进行测量，如图 3.4 所示。对线宽的测量一般使用线宽扫描电子显微镜（Scanning Electron Microscope，SEM），对套刻的测量使用套刻（Overlay）显微镜。之前提到过"光刻中至关重要的一环就是层与层之间的对准"，而测量层与层之间的套刻偏差就是检验对准是否符合要求的有效且必要手段。光刻工艺的当层是指正在进行光刻的层次，如图 3.4（b）中的"02"，而前层是已经完成的工艺层次，如图 3.4（b）中的"01"。每层曝光时，都会有特别的套刻记号，图 3.4（b）以大方框套小方框为例：如果前层是大方框，那么当层会使用小方框。为了演示效果，图中套刻偏差被夸大了，实际值远没有这么大，一般套刻偏差在几至几十纳米的范围，肉眼通过显微镜观察难以辨别。

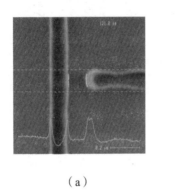
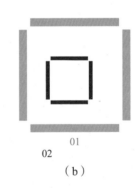

01

02

（a）　　　　　　　　　　　　（b）

图 3.4　线宽与套刻测量示意图

（a）一张用扫描电子显微镜（CD-SEM）拍摄的尺寸测量截图；（b）一张套刻测量示意图（为了演示效果图中套刻偏差被夸大了，实际值远没有这么大，一般肉眼在光学显微镜下不可分辨）。

光刻技术的设备、材料和软件

 光刻设备

光刻工艺使用的设备主要有：光刻机、轨道机、光掩模版电子束曝光机（Mask E-Beam Writer）和各种光刻测量设备，如测量膜厚、线宽、套刻（Overlay）、缺陷的设备等。这里主要介绍一下光刻机。前面说过了，除了接触－接近式曝光机以外，通过镜头投影光刻机的核心部分为投影物镜、硅片工件台以及掩模版的工件台。图 3.5（a）展示了采用折返式设计的 193 nm 水浸没式光刻机中的投影物镜的设计结构示意图，分辨率为线宽 38 nm，周期 76 nm（线宽和周期的定义如图 6 所示）。如图 3.5（b）展示了每片硅片划分有约 60 个大小相同的完整曝光场，每个曝光场尺寸最大为 26 mm × 33 mm（工业标准）。在曝光过程中，通过使用投影物镜将 26 mm×5.5 mm 的这一像

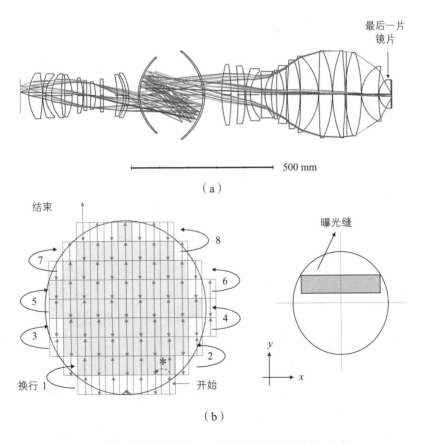

图 3.5　物镜的结构、曝光线与曝光场示意图

（a）作者自己设计的带有 2 片反射镜的 193 nm 浸没式折反投影物镜。总长 1.311 m 左右。数值孔径为 1.35，分辨率为 38 nm 线宽，周期 76 nm；（b）左侧为扫描曝光路径的一种：一片 300 mm 硅片上最大（26 mm×33 mm）曝光场的一种分布，黄色区域是指在完全在硅片内的曝光场，其余部分在硅片内的曝光场也会曝光；右侧：像场为离轴的 26 mm×5.5 mm。

场沿着 y 方向扫描完成每个曝光场的曝光，再步进到相邻的曝光场，或者下一行的曝光场继续曝光。典型扫描路径如图 3.5（b）所示，其中"*"代表一个步进路径。

在扫描曝光过程中，投影物镜是不动的，硅片由真空或者静电吸附固定在硅片台上，硅片台做扫描和步进运动。同时，掩模版固定在掩模台上，与硅片台做同步扫描运动。如果想得到精确的套刻结果，则必须知道硅片台与掩模台运动的精确位移，这就需要精确的测控装置。现在所用的测控设备有六自由度的干涉仪以及几乎不受空气扰动影响的平面光栅干涉仪。

 光刻材料

光刻的本质就是使用光刻胶来记录投影过来的掩模版信息，使用的材料主要有光刻胶、抗反射层和光掩模版。

光刻胶作为光刻工艺的关键材料之一，分为正性光刻胶（简称"正胶"）和负性光刻胶（简称"负胶"）。其中正性光刻胶在接受一定量的曝光后在显影液中的溶解率会增大 1 万 ~ 10 万倍，因此被光照射的区域会被显影液冲洗掉；而负胶正好相反，未被光照射的区域会被显影液冲洗掉，被光照射的区域因溶解率大大下降反而被留下来，如图 3.6 所示。图 3.7 显示了一种应用于 g- 线，h- 线，和 i- 线的叫做酚醛树脂 – 重氮萘醌（Novolac-Diazo Naphtho Quinone，Novolac-DNQ）的光刻胶的反应原理，这是一种正性光刻胶。DNQ 在曝光前会阻止酚醛树脂在显影液中的溶解，如溶解率降低两个数量级左右，但是在曝光后本身变成茚酸（Indene Acid）而溶解于诸如 2.38% 四甲基氢氧化铵（TetraMethyl-Ammonium Hydroxide，TMAH）的碱性显影液中。此时它不仅不能再阻止酚醛树脂的溶解，还能够加快其溶解。DNQ 又被叫做光敏感化合物（Photo-Active Compound，PAC）。

光刻胶又分为普通光刻胶和带有化学放大的光刻胶。光刻机分辨率，即关键尺寸（Critical Dimension，CD），或者称为最小尺寸，与波长的关系可以用下式表示：

$$关键尺寸（CD）= \mathrm{k}_1 \frac{\lambda}{NA}$$

k_1 为介于 0.25~1 之间的常数，λ 代表光的波长，NA（Numerical Aperture）是光刻机的数值孔径。可见，关键尺寸与波长呈正比关系，随着对分辨率的要求不断提高，势必要求曝光波长不断减小，从中紫外（Mid-Ultra-Violet，MUV）的 365 nm（i-线）减小到深紫外（Deep Ultra-Violet，DUV）的 248 nm 和 193 nm，再到极紫外（Extreme Ultra-Violet，EUV）的 13.5 nm。与 i-线相比，深紫外光源的强度变得很弱（≤1/10），因此适用于 i-线的光刻胶

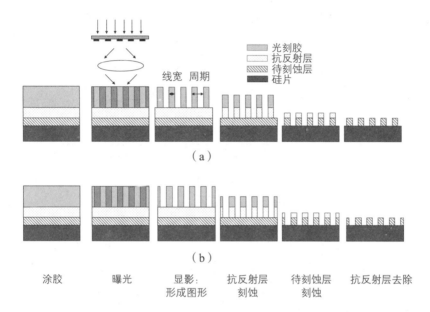

图 3.6　带有抗反射层的化学放大型光刻胶光刻刻蚀工艺断面示意图
（a）正性光刻胶，被光照射的区域会被显影液冲洗掉；（b）负性光刻胶，被光照射的区域会留下来。

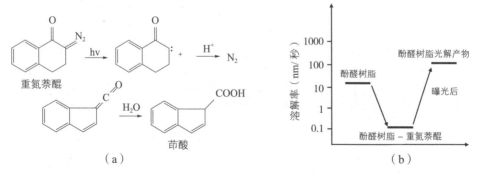

图 3.7　DNQ 的光解机理
（a）DNQ 的光化学反应式；（b）Novolac-DNQ 光刻胶在水性碱性显影液（Aqueous Base Solution）中的溶解率随 DNQ 曝光前后的变化。

并不适用于深紫外光源。而且由于 i- 线光刻胶对光的吸收较大，上小下大的梯形形貌（正胶）不利于分辨率的进一步提高，如图 3.8（a）所示，于是化学放大型光刻胶便应运而生了。其原理是通过光化学反应将光刻胶中掺入的光致产酸剂（Photo Acid Generator，PAG）分解，生成光酸（H+）来催化光刻胶的溶解率变化反应，又叫做脱保护（Deprotection）反应。这一过程发生在曝光后烘焙阶段，可以增大光刻胶的溶解率（正胶），并产生新的光酸。由于光的吸收不是直接用来完成光化学反应，而是用来产生催化剂，其利用率一般通过后续的催化反应几十倍地放大，这就是化学放大的由来。这样，对照明光强的要求就不高了，光刻胶的形貌也可以变得上下一般宽了。化学放大型光刻胶的反应原理示意图，如图 3.8（b）所示。

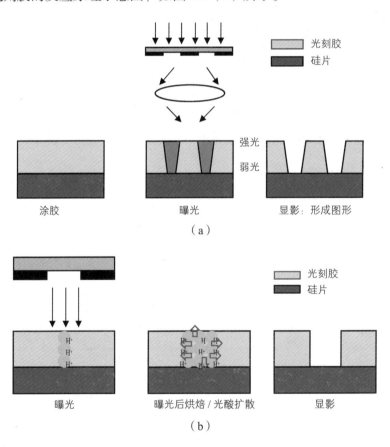

图 3.8　非化学放大型与化学放大型显影后断面图

（a）典型的非化学放大型光刻胶的断面形貌示意图；（b）化学放大型光刻胶的反应原理示意图。

在 248 nm，正性化学放大型光刻胶主要有两种类型，一种是乙缩醛（Acetal）类型，其树脂具有低活化能（Low Activation Energy）的酸致脱（Acid Labile）保护基团，其脱保护催化反应可以在常温下进行，这样可以避免较高温度烘焙导致的光酸过度扩散而导致成像对比度损失。这种光刻胶拥有高灵敏度，一般用于暗场光刻，即在光学分辨率附近的密集周期和各种沟槽、通孔的曝光（光照很微弱，高灵敏度光刻胶可以更有效地发生反应）成像场合，如图 3.9（a）所示。还有一种被称作环境稳定（Environmental Stable Chemically Amplified Photoresist，ESCAP）的光刻胶，其脱保护催化反应活化能比前者高，具有高活化能（High Activation Energy），需要一定的温度，如 100~130℃。这种光刻胶拥有较低灵敏度，在比较充足的光照条件下才能有效地发生反应，一般用于明场（单位面积超过光刻胶反应阈值的照度可以是暗场的 10~20 倍）成像的需要，如前段的有源区（Active Area，AA）层和栅极层的光刻。

化学放大型光刻胶的反应对光酸很敏感，如果空气中含有的碱性（Basic）成分，如氨气、氨水（Ammonia）、胺类有机化合物（Amine），对光刻胶顶部的渗透会中和一部分光酸，导致顶部局部线宽变大，称为 T- 型顶（T–top），严重时会导致线条黏连。产生 T-top 形状的原理如图 3.9（b）所示，实际的 T-top 切片如图 3.9（c）所示。这种问题在曝光后到显影的时间延迟（Post Exposure Delay，PED）较长时尤为严重。解决的方法是对进入轨道机中的空气进行化学过滤，滤除碱性物质。

以上两种化学放大型的光刻胶都含有苯环，其抗刻蚀能力是很不错的。衡量抗刻蚀能力一般是用含碳量和含环量来估算的。但进入了 193 nm 光刻，光强变弱，而苯环对光吸收强烈，所以不能被用在 193 nm 的光刻胶中。因此，只能采用对 193 nm 透明的以聚甲基丙烯酸酯（Poly-Methyl MethAcrylates，PMMA）为长链的光刻胶。由于 PMMA 不耐刻蚀，其抗刻蚀速率大约是 248 nm 光刻胶树脂的一半，甚至更少。需要在其支链上合成耐刻蚀的成分，像各种对 193 nm 波长透明的脂肪环（Aliphatic Rings），如金刚烷（Adamantane）、环戊烷（Cyclopentane）等。或者直接将脂肪环聚合成长链，形成光刻胶中的聚合物树脂，如乙烯基醚顺丁烯二酸酐（Vinyl Ether-Maleic Anhydride，VEMA）、环烯烃马来酸酐（Cyclic Olefin-Maleic Anhydride，

COMA）、环烯烃（Cyclic olefin）等。不过，现在主流的 193 nm 光刻胶是聚甲基丙烯酸酯类型。

作为分辨率的延伸，在 193 nm 光刻机的基础上出现了 193 nm 浸没式光刻机，投影物镜的最下边一片镜片的下表面一直保持浸没在超纯水中。曝光时，随着硅片台的扫描和步进，水被拖着在硅片表面移动，且不能有任何残留，否则会造成缺陷。由于 193 nm 浸没式光刻胶中混合的光酸和碱属于亲水物质，所以光刻胶表面需要有一层顶部涂层（Top Coat），即隔水层，以防止光酸或者碱被较长时间浸泡而析出光刻胶表面，又叫做浸析（Leaching）而导致失效。工业界有两种方式来实现。一种是增加一层专用隔水层：涂完光

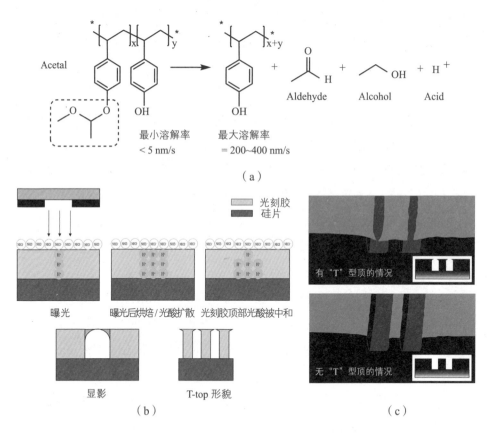

图 3.9　化学放大型光刻胶出现"T"型顶的情况图

（a）化学放大型光刻胶的原理。具有低活化能的酸致脱保护基团乙缩醛（Acetal）类型 248 nm 光刻胶的结构式及其酸催化反应式；（b）正性化学放大型光刻胶在曝光后，当空气中含有碱性成分时，出现顶部成"T"型形貌（T-top）问题的原理示意图；（c）硅片上的"T"型形貌图，右下角为横断面图。

刻胶之后，再在光刻胶表面涂覆此隔水层。另外一种是将隔水材料混入光刻胶，在涂胶后烘焙（前烘）中由于比重不同，隔水材料会通过自分凝（Self-Segregating）上浮到光刻胶表面，这种光刻胶也被称为无需顶部涂层光刻胶（Topcoatless Photoresist）。对隔水材料的要求是需要其不溶解于水，但是溶解于显影液（不阻碍显影）。一般隔水材料含有六氟丙醇（Hexa Fluoro Alcohol，HFA）功能基取代基团。193 nm 浸没式光刻在曝光的时候由于镜头的最下端和光刻胶的表面有一薄层水，厚度为 60~100 μm。任何气泡，水滴残留都会对光刻工艺造成影响。避免表面水滴的残留主要靠光刻胶表面维持一定的对水接触角。

在 193 nm 浸没式光刻之后，2016 年开始，工业界开始进入了 13.5 nm 的极紫外（EUV）光刻工艺研发，如逻辑 7 nm 工艺研发。一部分极紫外光刻胶类似于 248 nm 光刻胶，含有苯环。极紫外光刻胶配方的关键是尽量多地吸收能量约为 92 eV 的极紫外光子，形成光电子，以尽量留住极紫外光的能量，并且产生光化学反应。现在主流的极紫外光刻胶还沿用化学放大机理。但是，由于极紫外光子能量高导致相对光子数量较少，造成随机涨落问题（Stochastics），也因此导致有较大的线宽粗糙度（Line Width Roughness，LWR），约为 4 nm。这与其能够曝光制作的 13 nm 线条（如使用荷兰阿斯麦公司的 NXE3300B、3400C/D 型极紫外光刻机）不相称，因此极紫外光刻迟迟没有被用到生产中去。直到近几年，LWR 提升到小于 3 nm 以下，极紫外光刻被应用到先进制造工艺中，如逻辑 7 nm 和 5 nm 的光刻工艺。

光刻计算软件

大家知道，光刻工艺是整个集成电路工艺里精度要求最高的工艺之下，其线宽需要做到几十纳米，位置精度需要达到几纳米。光刻工艺设计的好坏，直接关系到整个芯片工艺的成败。光刻工艺的优化需要用到光刻机曝光，一层光刻工艺含有 20 多个参数，如果每个参数试验 2~3 个条件，排列组合下来就需要做很多实验，成本与时间都不允许。光刻工艺一般采用仿真计算软件来模拟实际工艺过程，如光学成像、光刻胶里的光化学反应、衬底的反射光效应等。

光刻中的计算软件主要有衬底反射（Substrate Reflection）的仿真软件，光学邻近效应修正（Optical Proximity Correction，OPC）软件、对准记号（Alignment Signal）的信号强度仿真软件，以及光刻空间像（Aerial Image）成像仿真软件等，下边详细介绍前两种：

1. 衬底反射（Substrate reflection）的仿真软件：用来通过调整光刻胶底部抗反射层的厚度来最大限度地抑制衬底的反射光，使得光学成像不受衬底反射的影响。

由于光刻胶衬底界面的反射光和透射光干涉导致光刻胶垂直形貌产生光驻波现象，如图3.10（a）所示。从而导致光刻胶线宽的变化，如果光刻胶厚度发生变化，线宽受影响较大。在光刻胶和衬底之间增加一层抗反射层之后，通过增加一个界面，增加一束反射光，形成衬底两束反射光（反射光1和反射2）之间的干涉以及通过抗反射层本身对光的吸收将衬底的反射光最大限度地消除。如图3.10（b）所示，通过衬底反射仿真软件，可以得到随着抗反射层厚度变化的反射率曲线，选择反射率最低处的厚度作为抗反射层的厚度，可以削弱或者消除驻波效应。如果选择反射率较高处的厚度作为抗反射层的厚度，由于抗反射层和光刻胶界面上反射光较强，反射光和入射的照明光发生干涉，仍然存在严重的驻波效应。

2. 光学邻近效应修正（Optical Proximity Correction，OPC）软件：主要是对设计版图上的设计图样因光学邻近效应导致的各种线宽变化和变形（如方角变圆）进行补偿。我们都知道，当掩模版尺寸逐渐变小，接近曝光所用光波长时，由于光的衍射，实际呈现在硅片上的图形是逐渐偏离掩模版上的图形，所以需要用到光学邻近效应修正软件。

如图3.11所示，初始掩模版即我们需要呈现在硅片上的图形。如图3.11（a）展示的是早期没有衍射效应存在的技术节点中，曝光后硅片上的图形与初始掩模版图形基本保持一致。随着技术节点的推进，掩模版尺寸越来越小，当接近曝光波长时，衍射效应就变得更加明显，方角变圆，线端缩进，较为孤立或者孤立图形尺寸变小等。如图3.11（b）所示，曝光后硅片上的图形与实际图形（初始掩模版）差异较大。因此，对初始掩模版进行OPC修正势在必行。图3.11（c）展示了一个简单的光学邻近效应修正例子，将初始掩模版进行线端处拉长加宽，线条处加宽，方角处外扩或者内缩后即完成OPC

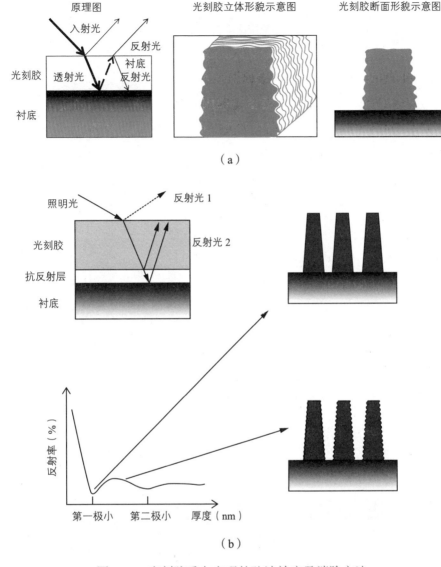

图 3.10 光刻胶垂向出现的驻波效应及消除方法

（a）光刻胶与衬底界面的反射光和透射光干涉导致光刻胶形貌产生驻波现象；

（b）通过衬底反射仿真软件得到最佳抗反射层厚度，削弱或者消除驻波效应。

修正。按照修正后的掩模版曝光得到的图形，已经非常接近初始的设计图形，但是由于衍射效应，方角处一定会存在一个"钝化"半径，即线端和拐角处的图形在曝光后存在一定程度的圆弧，如图 3.11（d）所示。

一般 OPC 包括模型建立、版图修正与修正后检查 3 个步骤。首先，在模型建立步骤里，通过采集典型图形的硅片曝光线宽和轮廓数据，对以光学

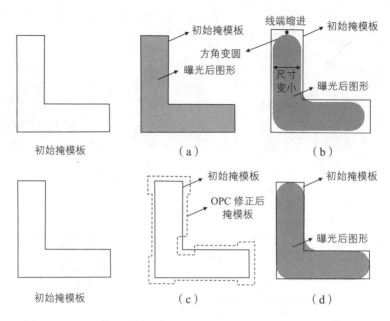

图 3.11　OPC 修正举例说明光学邻近效应修正软件的重要性

成像为主的线宽与轮廓模型进行校准。其次，在版图修正步骤里，先将最终设计图形的尺寸加到光刻所需的尺寸，然后对较为孤立与孤立的图形添加尺寸明显小于最小设计图形的亚分辨辅助图形（Sub-Resolution Assist Features，SRAF）和装饰线（Serif），再对设计图形进行 OPC 修正。最后，进行修正后检查步骤，包括对工艺窗口不合乎要求的图形进行搜索和修正或者警示。

光刻技术的发展与展望

 ### 光刻技术的发展历程

　　早期的光刻技术使用接近或接触式曝光，空间分辨率为 2 μm。1973 年，珀金·埃尔默（Perkin Elmer）公司推出了第一台数值孔径（Numerical Aperture，*NA*）为 0.167 的扫描式曝光机。1978 年，GCA 公司推出了 *NA* 为 0.28 的 g−线步进重复式曝光机（简称步进式曝光机）。从 1980 年到 1985 年，尼康（Nikon），珀金埃尔默（Perkin Elmer），佳能（Canon）和 ASML 推出了它们的步进式曝光机。由于大视场成像的局限性以及对高分辨率 / 低像

差和低失真的需求，步进－扫描式曝光机（简称扫描式曝光机）被引入以取代步进式曝光机。1990 年，硅谷集团（Silicon Valley Group，SVG）收购了 PerkinElmer，并推出了第一台分辨率为 0.5 μm 的扫描式曝光机。1995 年，尼康（Nikon）研制出分辨率达 0.25 μm 的 248 nm 准分子激光照明扫描式曝光机。后来，曝光波长延伸到 193 nm（SVG 1998）和 193 nm 水浸没式光刻机（ASML 2004）。由于 193 nm 水浸没式光刻机在最大的 NA 处分辨率极限为半周期 38 nm，因此更高的分辨率需要更短的波长。2013 年，ASML 推出了首款波长为 13.5 nm、NA 为 0.33 的极紫外光刻机，分辨率为半周期 16 nm。

除了光刻机外，光刻胶的发展也有目共睹。光刻胶分为正性光刻胶（又叫做正胶）和负性光刻胶（又叫做负胶）。简单来说，正性光刻胶被光照过的部分会被显影液冲掉，而负性光刻胶被光照过的部分会留下来，未被光照的部分会被显影液冲掉。自 20 世纪 60 年代早期以来，光刻胶的发展经历了从含光敏剂的以聚乙烯醇肉桂酸脂为基础的负性光刻胶，到后来的非化学放大型 g－线（436 nm）、h－线（405 nm）、i－线（365 nm）光刻胶，即重氮萘醌－酚醛树脂（Novolak-DNQ）正性光刻胶。从 20 世纪 90 年代中期的 0.25 μm 技术节点开始，对高分辨率的需求推动了化学放大型光刻胶（Chemically Amplified Resist，CAR）的应用。化学放大型光刻胶的发明首先提供了更高的曝光灵敏度，使得 KrF（248 nm）和 ArF（193 nm）光刻机（包括干法和浸没）中曝光能量相对较小；其次通过曝光后烘焙（PEB）工艺，化学放大型光刻胶可以使制造线宽不断缩小，侧壁轮廓更加垂直，光化学反应可控。无论是 248 nm 还是 193 nm 正性化学放大型光刻胶，都有两种类型。一种是具有低活化能的酸致脱保护基团，其脱保护催化反应可以在常温下进行，这种光刻胶拥有高灵敏度，一般用于暗场光刻。还有一种是具有高活化能的保护基团，需要一定的温度才能发生化学放大反应，属于较低灵敏度光刻胶，在比较充足的光照条件下才能有效地发生反应，一般用于明场光刻。

经过几十年的发展，光掩模版也从最初的透明－不透明的铬玻璃（Chrome-On-Glass，COG）掩模版（仅仅记录"有"和"无"的二元信息，Binary Mask）发展成能够增强光刻工艺窗口的相移掩模版（Phase-Shifting Mask，PSM），再到薄的二元掩模版，例如不透明的硅化钼－玻璃掩模版（Opaque MoSi On Glass，OMOG），用来减小掩模版三维散射带来的各种导致工艺窗口缩小的效应，以恢复部分光刻工艺窗口。主流工艺使用的相移掩模版是被称作具有 6% 透射的相移掩模版，其被引入的技术节点一般为 0.25 μm。从 22/20 nm 技术节点开始，OMOG 开始被引入。目前，常用的掩模版尺寸为 104 mm × 132 mm，对应 26 mm × 33 mm 硅片上曝光场的尺寸（成像缩小倍率 4：1）。主流掩模版曝光采用兼顾图像质量与曝光速度的可变截面形状单电子束（Variable Shaped Beam，VSB）曝光技术。

随着集成电路中晶体管的体积越来越小，光刻工艺中的尺寸也越来越小，为了获得足够的工艺窗口，设计规则也因此有了更多的限制。限制性的设计规则包括从双向设计规则变成单向设计规则，器件和后段金属之间的接触孔从单一的孔变成金属线和孔的搭配组合等。在 45 nm 技术节点之前，并没有限制性的设计规则。从 28 nm 技术节点开始，前段与器件相关的层次，例如栅极，开始变成单向设计，此时的中段仍是圆形通孔设计规则，后段的金属连线仍是两个方向的设计规则；从 22/16 nm 技术节点开始，连接前段器件和后段金属导线的中段开始变成既有圆形通孔也有长条形通孔的设计，后段设计规则仍是双向设计规则；从 10 nm 技术节点开始，后段设计规则则开始变成单向设计规则。

如前所述，当掩模版的尺寸接近曝光波长，明显的衍射效应会造成丢失掩模版小周期或者小尺寸的信息，因此可知，光学邻近效应修正主要是在小周期结构附近增加一些掩模版的面积，或者将小面积变成大一点的面积，使得更多的衍射光可以参与成像。OPC 修正分为两种，基于规则的简单 OPC 修正和基于模型的 OPC 修正。基于规则的简单 OPC 修正是预先测量在硅片上随着空间周期变化的线宽数据，然后建立表格，再用查表与内插的方式对版图上任意尺寸的线条和沟槽的情况进行修补。这种修正方法主要在 0.35/0.25 μm 技术节点开始引入，一直用到 0.13 μm 技术节点。随着技术节点的不断推进，掩模版上图形尺寸不断缩小，基于规则的简单 OPC 修正变得十分复杂且无法达到高的精度。一般认为，从 IBM 的 90 nm 技术节点开始使用基于模型的 OPC 修正方法。此方法通过建模，可以对每个图形进行精确的空间像（硅片上的图形）仿真，并通过调整掩模版尺寸，将仿真结果和实际设计图形之间的线宽偏差控制在可接受范围，最终得到修正后的掩模版图样。因此基于模型的 OPC 修正方法更加准确且高效。

 ## 我国光刻技术的发展简史

我国的集成电路产业诞生于 20 世纪 60 年代。当时它的主要用途是为国产计算机配套，以开发逻辑电路为主要产品。从 1965 年到 1978 年，我国初步建立集成电路工业基础及相关设备、仪器、材料的配套条件。

在光刻工艺方面，我国在 20 世纪 60 年代已经建立起成熟的光刻工艺流程，包括对硅片的清洁，光刻胶的涂覆、前烘、曝光、显影、显影后烘焙、刻蚀（腐蚀）、去胶等关键步骤都有详细的研究。当时，还对光刻工艺出现的缺陷问题，如小岛、浮胶（Peeling）和针孔有过详细分析和论述。进入 21 世纪，中芯国际、华力微电子、武汉新芯、长江存储等主要集成电路制造企业，已经将我国的集成电路制造工艺推向了 28 nm、14 nm 逻辑工艺和 64~128 层 3 维堆栈与非门（NAND）阵列存储器，光刻工艺也引入了 193 nm 水浸没式、光学邻近效应修正、光源 – 掩模联合优化，以及设计 – 工艺联合优化（Design Technology Co-Optimization，DTCO）等先进技术。不过，这些技术多是基于国外先进的设备、材料和计算软件实现的，自主率很低。我国先进光刻工艺技术发展道路还很长，很艰巨。

在光刻机方面，早期的国产光刻机主要是接触 – 接近类型。如上海的劳动牌 JKG 系列，可以容纳 2.5~5 英寸的硅片，分辨率达到 2 μm。系统采用超高压汞灯，波长范围是 300~436 nm。进入了 20 世纪 80 年代，世界上半导体线宽开始从 2~3 μm 向亚 μm 演进，这时传统的接触 – 接近式曝光机已经无法满足线宽持续缩小的要求，于是投影式光刻机开始出现。最开始是 g- 线（汞灯的 436 nm 谱线），后来 i- 线（汞灯的 365 nm 谱线），分辨率也就从原先的 2~3 μm，进入了 0.5 μm 和 0.35 μm。我国自"六五"计划（1981~1985 年），先后研制成功 g- 线、h- 线和 i- 线的 1:1 扫描式光刻机，分辨率达到 3 μm。此外，还研制成功深紫外（248 nm、308 nm）光刻物镜，其中 248 nm 物镜分辨率达到 0.8 μm。1993 年，我国首台 g- 线光刻机——"1.5~2 μm 实用型分步重复投影光刻机"研制成功；在"八五"计划（1991~1995 年）期间，"0.8 μm 分步重复投影光刻机"研发成功。中国科学院的"八五"重大应用项目"0.7 μm i- 线投影光刻曝光系统"和"九五"重大项目"0.35 μm 分步重复投影光刻关键技术"的研究也非常成功。进入了 21 世纪，我国光刻机在国家科技部重大专项的支持下，开始了 193 nm 光刻机的研制。2016 年 9 月，193 nm 0.75 NA 投影物镜研发成功，其基本成像性能达到了国外同类产品的水平。目前，我国正在进行 193 nm，1.35 NA 水浸没式镜头的研制工作，力争尽快实现国产化。2016 年，国产的磁悬浮硅片工件台也实现了技术突破，可应用在 193 nm 浸没式光刻机和 13.5 nm 极紫外光刻机上。光刻机的一个重要组成部分是准分子激光。现阶段，我国的 248 nm 氟化氪准分子激光器已经交付用户，且对 193 nm 氟化氩准分子激光的研制也取得重要进展。

在光刻胶方面，早在二十世纪六七十年代，我国研发了聚乙烯醇肉桂酸脂负性光刻胶，还有 701 型正性光刻胶，它的主要成分是酚醛树脂（Novolak）和邻叠氮醌，又叫做重氮萘醌（Diazonaphthoquinone，DNQ）。进入 21 世纪，在深紫外光刻胶领域，我国于 2004 年 8 月开始研发国产的 248 nm（深紫外）带有化学放大的光刻胶，在 2010~2012 年经过用户检测，其 130 nm 分辨率的样品达到国外同类型产品水平。进入 21 世纪第二个十年，2010 年，我国开始生产各种 g- 线和 i- 线光刻胶，还有深紫外 248 nm 和 193 nm 光刻胶。在高校方面，复旦大学微电子学院在 2016 年开始起步，在 193 nm 浸没式光刻胶、导向自组装（Directed Self-Assembly，DSA）、极紫外（Extreme Ultra-Violet，EUV）光刻胶等方面积极开展了光刻胶制备、测试等研究，已经取得了实质性进展。这其中最为瞩目的是，在科技部重大专项的支持下，多家单位一起加入了 193 nm 光刻胶研发，并于 2017 年 11 月成功展示了国内首支 193 nm 水浸没式光刻胶。其分辨率基本达到 32/28 nm 逻辑后段金属层光刻的要求，为我国高端光刻胶实现了"0"的突破。

在涂胶—显影一体机上，我国于 2002 年创建了制造公司，并且在涂胶—烘焙—显影轨道式一体机上取得不错的进展。其最新型产品是 12 英寸设备，并且开始在国内集成电路生产企业进行评估。

此外，在电子显微镜方面，我国的扫描电子显微镜起步于 1958 年。早在 1965 年，我国就设计研制了第一台 DX-2 型透射式电子显微镜。10 年之后，研制成功电子显微镜 DX-3 型，主要指标达当时国际先进水平，于 1978 年获全国科学大会一等奖。在 1988 年，我国又研制成功六硼化镧（Lanthanum Hexaboride，LaB6）阴极电子枪，使 KYKY-1000B 扫描电镜的分辨本领由 6 nm 提高到 4 nm。进入 21 世纪，在国家科技部重大专项的支持下，2018 年，我国成功研发了电子束检测设备 SEpA 1 型线宽扫描电子显微镜和基于电子束照射的能量色散 X 射线质谱仪（Energy Dispersive X-Ray Spectroscopy，EDS），以及 2021 年的线宽扫描电子显微镜（Critical Dimension Scanning Electron Microscope，CD-SEM）。

 光刻技术未来发展的展望

从光刻技术的历史发展来看，由简单到复杂，由小型设备到大型设备，由手动到自动，由小尺寸硅片到 12 英寸硅片，凝聚了几代光刻人的心血和技术积累。面向未来的发展，我们怀揣着以下几点展望：

第一，随着极紫外光刻机逐步走向成熟，光刻投影成像技术还会继续发展。极紫外光刻机也将由现在的 0.33 NA 发展为 0.55 NA，以进一步提高分辨率和成像对比度，推动逻辑技术节点向 3 nm 以下，以及同等分辨率要求的存储器技术节点向前迈进。

第二，化学放大光刻胶取得了空前的成功。含有金属的非化学放大光刻胶也在快速发展，其吸收极紫外光效率比化学放大型光刻胶高出 3~4 倍，在线宽粗糙度上展露出明显优势（改进了 15% 左右）。而线宽粗糙度将是所有 193 nm 浸没式光刻胶和 13.5 nm 极紫外光刻胶的重点改进领域。

第三，光掩模版的电子束曝光技术开始出现多电子束直写的技术。但是，由于拥有极高的边缘形状定义性能（1~2 nm），可变截面形状单电子束（Variable Shaped Beam，VSB）曝光技术还会在规范化的掩模版应用上继续存在，如规则的线条 / 沟槽和通孔。

第四，计算光刻会被大量使用，其精度要求会变得更高。

第五，测量技术中，还需继续提高线宽扫描显微镜和套刻显微镜的量测精度。生产管理中，作为对线宽扫描显微镜的补充，还会在现有基础上，增加使用能够一次性大量测量线宽的基于光学散射测量原理的光学线宽测量（Optical CD，OCD）。

第六，随着光刻技术逐渐走向极限，版图的设计规则将受到更多限制。将来可能出现越来越多层次上的图形变为纯粹的密集线条，或者起到线条剪切作用的短沟槽。

第四章 "芯片的雕刻家"

——材料刻蚀

什么是刻蚀技术

刻蚀（Etching）是集成电路制造中至关重要的技术之一。从狭义上来说就是光刻后进行腐蚀，去除硅衬底或晶圆表面未被保护的材料的工艺。在光刻显影后，硅衬底或沉积的薄膜表面得到特定的设计图案，往往需要对这些膜层材料进行选择性地去除，即通过刻蚀将所需的图案"雕刻"在晶圆上。刻蚀是微观"雕刻"工艺，厚度在纳米级到几个微米之间，对工艺的精确控制和选择性方面都有较高的要求。通过刻蚀硅衬底，器件的大小和相对位置首先被"雕刻"出来；通过刻蚀不同的沉积薄膜，"雕刻"出器件的各个功能区域和连接线沟槽等。可以这样理解，如果没有精确的刻蚀工艺，就不能在微观世界中"雕刻"出芯片的"细胞"，建造数据存储的"楼房"和互联"通道"。

刻蚀的基本原理

刻蚀工艺往往紧接在光刻工艺之后，通过化学腐蚀和物理腐蚀的方式去除没有掩模版保护的部分，将光刻胶上显影出来的特定图案转移到晶圆上，如图 4.1 所示。作为刻蚀掩模的通常是光刻胶，硅的氧化物或氮化物的薄膜有时也用作刻蚀掩模，因为相比于光刻胶，它们对刻蚀环境更为耐受，对下层的保护效果更好，因此被称为硬掩模。膜层刻蚀结束后，再将光刻胶等掩模材料去除。刻蚀工艺可以在液体或者气体的环境中进行，因此分为湿法刻蚀和干法刻蚀。在湿法刻蚀中，将整个晶圆浸入到刻蚀液体中，暴露在刻蚀液中的材料通过化学反应被腐蚀掉。在干法刻蚀中，使用气体等离子体作为刻蚀剂，工艺过程包含化学腐蚀和物理腐蚀，通常也称为等离子体刻蚀。

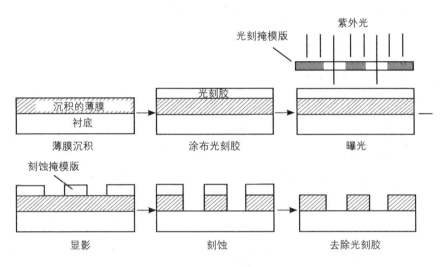

图 4.1 刻蚀工艺流程

理想的刻蚀工艺是待刻蚀材料的腐蚀沿着掩模版边沿垂直向下，得到完美的笔直侧壁，且对非刻蚀层不会有任何腐蚀。然而在实际的刻蚀过程中，材料的腐蚀沿水平和垂直方向同时进行，会导致掩模版下层的待刻蚀材料出现钻蚀现象，如图 4.2（a）所示。此外，在刻蚀过程中掩模版的顶部和侧壁还会被一定程度地腐蚀，对刻蚀图案的精度产生不利影响。尤其是在接近刻蚀终点时，如果控制不当就会导致下层的材料也会遭受一定的腐蚀，如图4.2（b）所示。在实际刻蚀工艺中，这些不完美的刻蚀会导致线宽偏高和图案变形，因此为了得到相对精确的刻蚀图案，我们常常需要对刻蚀的选择性和方向性进行调控。

刻蚀选择性是指在同一个刻蚀过程中，刻蚀不同材料的速率比值。当掩模版和刻蚀停止层的刻蚀速率接近零，而待刻蚀薄膜有较大的刻蚀速率时，那薄膜相对于掩模版和刻蚀停止层就有较高的刻蚀选择性；当掩模版和刻蚀

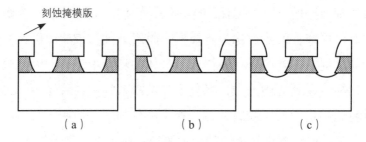

图 4.2　非理想刻蚀工艺造成的刻蚀效果

（a）待刻蚀材料发生了钻蚀现象；（b）掩模在刻蚀过程中遭受腐蚀；
（c）下层材料在刻蚀过程中遭受过量腐蚀。

停止层与薄膜的刻蚀速率相当，则刻蚀选择性较低，使得掩模版对下层的保护作用变差，同时刻蚀停止层也容易被腐蚀，难以得到均匀的刻蚀厚度，这都是需要避免的。在化学腐蚀过程中，因为化学反应具有选择性，所以不同的材料往往有不同的刻蚀速率。相比较而言，离子溅射刻蚀等物理过程对材料的选择性通常不高，不同材料之间的刻蚀速率差别不大。

　　刻蚀方向性是指膜层在不同方向上的相对刻蚀速率，通常以纵向刻蚀速率与横向刻蚀速率之比来衡量刻蚀方向性的优劣。若在所有方向上的刻蚀速率相同，则称为各向同性刻蚀，即掩模材料下横向刻蚀深度与纵向刻蚀深度相等，如图 4.3（a）所示；若在不同方向上的刻蚀速率不同，则称为各向异性刻蚀，如图 4.3（b）和 4.3（c）所示。其中，图 4.3（c）在横向上的刻蚀深度几乎为零，表明该刻蚀工艺具有最理想的各向异性。在实际工艺过程中我们通常希望纵向刻蚀速率能显著大于横向刻蚀速率，确保图案刻蚀的精准性。采用离子轰击的干法刻蚀通常具有显著的各向异性。因此，一般而言，刻蚀工艺中，化学腐蚀往往有较好的刻蚀选择性，但方向性不佳；物理腐蚀具有较好的方向性，而选择性不佳。

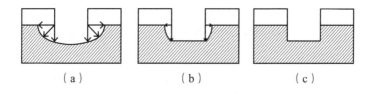

图 4.3　不同刻蚀方向性的剖面图

（a）各向同性刻蚀；（b）各向异性刻蚀；（c）完全各向异性刻蚀。

在实际的刻蚀工艺中，同时得到较好的刻蚀选择性和方向性是有技术挑战性的，需要通过大量的试验和工艺参数调控才能得到较好的刻蚀效果。除了调控刻蚀的选择性和方向性，提高刻蚀精确性的方式还包括提高刻蚀剂到达晶圆表面的效率，同时使刻蚀的副产物能快速容易地排出。例如，湿法刻蚀过程中产生的副产物需要具有较好的溶解性，而干法刻蚀过程中产生的副产物需要具有较好的气体挥发性。在刻蚀过程中还应保证刻蚀的均匀性，并尽可能减小颗粒物的产生和刻蚀对器件的破坏。

膜层的刻蚀效果要通过各种检测手段来进行表征，包括利用光学显微镜和扫描隧道显微镜等观察刻蚀的形貌，通过俄歇电子能谱仪和 X 射线光电子能谱仪分析刻蚀膜层表面的元素组成等。有些表征在刻蚀结束后进行，而那些在刻蚀过程中进行的表征称为原位表征，其中最重要的原位表征就是对刻蚀终点进行检测。对于光学透明的膜层，比如二氧化硅，可以通过测量膜层表面和底面反射光的相互干涉现象的周期性变化来进行分析，若干涉的周期性变化消失，则表示膜层刻蚀完毕。对于不透明的膜层，比如金属，可以通过测量膜层的反射率来检测是否到达刻蚀终点，因为下层材料与待刻蚀膜层通常不是同一种材料，若在刻蚀过程中膜层的反射率发生了显著变化，即提示膜层刻蚀完毕。这些表征方法都是取点测试，往往只反映了晶圆上一小部分区域的刻蚀情况，不一定能代表全貌。检测刻蚀终点最常用的方法是监测刻蚀过程中的反应物或产物的光谱或质谱变化。比如透过等离子刻蚀的反应腔窗口，光谱探测器被用来检测等离子体中各种物质的发射光谱。在等离子体中，原子和分子易处于激发态，电子能态不断发生改变并发射出光。不同化学物质发出的光谱是不同的，因此可以用来检测特征物质的存在和相对含量，然后通过分析反应物和产物的含量变化来确定是否达到刻蚀终点。这一方法的检测信息来源于气相的等离子体，能够更加准确地反映出整个晶圆的刻蚀情况。虽然这不是精确的定量分析方法，需要在使用过程中进行校准，但操作起来相对简单，同时检测结果还能帮助分析刻蚀过程中物质之间的反应机理，以及反应腔壁附着的刻蚀残留物是否需要清洁等。

湿法刻蚀——溶液腐蚀

湿法刻蚀是一种沿用已久的材料去除工艺，古代人类利用无机酸或强碱在金属和玛瑙等表面刻蚀出纹路，在工业生产的早期湿法刻蚀也被广泛应用。在现代的工业生产中，湿法刻蚀是一种技术完善、操作简单和成本相对较低的加工工艺。随着近代半导体制造业的快速蓬勃发展，湿法刻蚀已经由宏观蚀刻发展到了微观"雕刻"，最小膜层去除厚度可控制在 1 nm 以下。湿法刻蚀的"雕刻工具"是化学溶液。因为多数化学反应没有空间方向性，绝大多数溶液腐蚀的特点是同向性刻蚀，但它有很好的刻蚀选择性，不同薄膜和不同化学刻蚀剂之间有不同的反应速率，同一化学刻蚀剂与不同薄膜的反应速率差异也很大。随着器件尺寸的进一步缩减，干法刻蚀已经代替了大部分的湿法刻蚀，但湿法刻蚀在精确控制和选择性方面也将继续发挥它的工艺优势。

湿法刻蚀的溶液大多由氢氟酸、硝酸或氢氧化碱等具有强腐蚀性的化学试剂组成，晶圆浸入到其中后，没有被掩模保护的部分通过化学反应被去除，同时生成可溶性产物或气体产物。具体来说，首先，刻蚀剂通过扩散到达溶液和晶圆的边界层，并与待刻蚀的薄膜接触；随后，刻蚀剂与薄膜发生化学反应，膜层减薄，生成反应产物进入边界层。反应产物通过溶液扩散由边界层进入溶液，并循环或排出。为了在溶液刻蚀过程中保证刻蚀速率的稳定并尽量延长溶液使用时间，需要在刻蚀液中加入弱酸或弱碱等作为缓冲剂。例如，在氢氟酸中加入氟化铵以补充刻蚀过程中氟离子的消耗，还有在用硝酸和氢氟酸刻蚀硅时加入乙酸来限制硝酸的分解。同时，缓冲剂的加入还能减小刻蚀剂对光刻胶的腐蚀，稳定的刻蚀速率也有助于避免光刻胶发生剥离和脱落。

在同一刻蚀过程中，若材料 A 与材料 B 刻蚀速率之比远大于 1，则在该刻蚀过程中材料 A 对材料 B 有很好的刻蚀选择性。这具有重要的实际意义。首先，某种待刻蚀材料相对于掩模材料的选择性决定了掩模的必要厚度，以保证在整个刻蚀过程中掩模不会被完全腐蚀掉。其次，由于实际工艺中膜层厚度不可能是完全均匀的，所以通常会适当延长刻蚀的时间，以确保需要被刻蚀的部分能完全去除掉，这称为过刻蚀。此时被刻蚀膜层的下层材料在刻蚀终点附近常会经受刻蚀剂的腐蚀作用，刻蚀选择性的大小决定了下层材料

的被腐蚀程度。

绝大部分化学腐蚀都是各向同性的，但也有例外。当刻蚀剂对材料的结晶取向敏感时，材料在不同晶格方向上的被刻蚀速率不同。例如，对于单晶硅来说，它的原子在不同的空间方向上有不同的排列方式和密度，刻蚀剂对排列得紧密的晶面腐蚀得慢，对排列得不那么紧密的晶面腐蚀得快，结果就是不同方向上有不同的刻蚀速率，使得刻蚀具有方向性。利用这点我们可以对单晶硅进行一些特定形状的刻蚀。

湿法刻蚀速率的影响因素包括以下四个方面：刻蚀液的组成和浓度，刻蚀温度，待刻蚀膜层的组成和密度，以及膜层的结晶取向。对于相同化合物组成的刻蚀溶液，不同的化合物组成比例和浓度对同种材料的刻蚀速率会有数量级的差异。刻蚀速率一般和刻蚀温度正相关。例如，当使用缓冲氧化物刻蚀剂（$HF：NH_4F=6：1$）刻蚀二氧化硅材料时，温度每升高$10℃$，刻蚀速率就增加一倍。材料的组成和密度对刻蚀速率也有重要影响。例如，向二氧化硅中掺入其他元素后，会改变其被刻蚀的速率。对于不同生长方式得到的膜层，一般密度会有所不同。例如，热氧化法得到的二氧化硅比气相沉积得到的更为致密，因此后者的被刻蚀速率高于前者。膜层的结晶取向对刻蚀速率的影响前文已讨论，此处不作赘述。

65

 ## 等离子体刻蚀——气体腐蚀

在早期的集成电路制造工业中，所有的刻蚀工艺都通过溶液腐蚀完成，但它各向同性的刻蚀特点阻碍了其在高密度集成电路制造中的应用，因此目前等离子体刻蚀替代了大部分的湿法刻蚀。等离子体刻蚀是一种刻蚀效率更高的，能够满足器件尺寸持续缩小的重要技术工艺。等离子态被称为物质的第四态，等离子体可看作部分或者全部电离的气体，是等离子刻蚀的"雕刻工具"。等离子体宏观上总体保持电中性，其中被电离的活性粒子具有较高的能量和足够长的寿命，与待刻蚀材料发生物理或化学腐蚀，生成易挥发的产物，被抽离反应腔体。

在等离子体氛围内，粒子的反应活性较高，通常比非等离子体氛围有更高的刻蚀效率。在20世纪70年代，等离子体刻蚀首次被广泛应用，用于刻蚀作为钝化层的致密氮化硅。致密的氮化硅难以通过湿法刻蚀去除，使用氟化氢刻蚀的速率较低，且对下层的二氧化硅刻蚀选择性不高，因此改用沸腾的硝酸溶液进行刻蚀，但又面临着光刻胶容易剥离的问题，需要另外沉积二氧化硅作为硬掩模，增加了额外的工序。随后人们发现将四氟化碳和氧气的混合气体激发为等离子体，其中的氟原子可以很容易地去除氮化硅，且避免了上述的问题。等离子体刻蚀被广泛应用的一个更重要的原因是它各向异性刻蚀的特点，有方向的刻蚀可以减小钻蚀现象和线宽的损失，"雕刻"出高分辨的图案，有利于提高晶圆中的器件密度。等离子体刻蚀具有方向性是因为等离子体中的带电粒子在电场的作用下有方向地轰击晶圆表面。

　　图 4.4 是一个典型的等离子体刻蚀系统，气压在 1 mtorr~1 torr 之间，在两个电极之间施加高压电场后，部分气体分子电离产生正离子和自由电子，形成等离子体。等离子体刻蚀中常用到的气体有氧气——主要用来刻蚀光刻胶，一些含卤族元素的气体如四氟化碳、氯气和溴化氢等——用来刻蚀其他如二氧化硅等的化合物，同时也会加入少量氢气和氩气等气体。等离子体中高能量的电子还和反应气体进一步发生相互作用，包括电子诱导电离、分解、复合和激发反应等。因此，等离子体中包含自由电子、电离的分子、中性分子、电离分子的碎片和自由基等。其中自由基具有很高的反应活性，在刻蚀过程中发挥作用的主要是中性自由基和带电离子这两种粒子。自由基或一些高反应活性的化学物质（如 Cl_2）参与的反应过程是化学腐蚀，也称之为化学

66

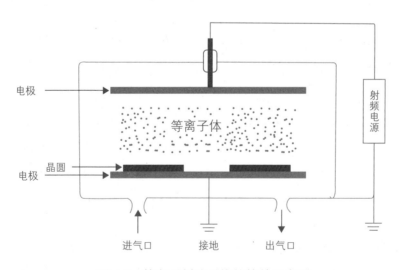

图 4.4　等离子刻蚀系统的简单示意图

刻蚀，如图 4.5（a）所示，由带电离子轰击实施的刻蚀为物理腐蚀，也称之为物理刻蚀或溅射刻蚀，如图 4.5（b）所示。若两者协同进行，则称之为离子增强刻蚀。在实际的等离子体刻蚀中，我们观察到化学刻蚀和物理刻蚀往往不是独立进行的，而是相互协同进行，并更多地表现出物理刻蚀的特点，即离子增强刻蚀，也称为反应离子刻蚀等。

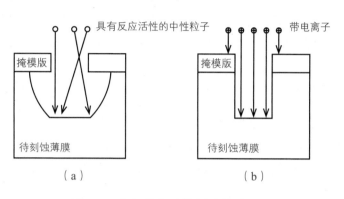

图 4.5　参与等离子体刻蚀的粒子

（a）自由基等具有反应活性的中性粒子有很宽的入射角度分布，并进行各向同性的化学腐蚀；（b）带电离子的入射角度分布较窄，以几乎一致的方向轰击晶圆表面，进行物理腐蚀。

　　人们认识到离子增强刻蚀的这一刻蚀方式是因为它的刻蚀速率并不是化学刻蚀和物理刻蚀两种过程的简单线性叠加，而通常是会更高的。例如，在硅的等离子刻蚀中，只让氟化氙气体到达晶圆表面发生物理刻蚀过程，其刻蚀速率是比较低的，而让氩离子同时溅射到晶圆表面时，刻蚀速率可以提高10 倍有余。这时让氟化氙气体停止进入反应腔，只发生氩离子的溅射过程，刻蚀速率就会下降到很低，这说明分别负责化学腐蚀和物理腐蚀的粒子是通过相互协同来进行刻蚀的。等离子刻蚀膜层的剖面也能说明化学刻蚀和物理刻蚀不是各自独立进行的，因为刻蚀剖面不是各向同性的化学刻蚀和具有方向性的物理刻蚀的线性加和，如图 4.3（b）所示；其刻蚀剖面更多地表现出物理刻蚀的特点，更接近如图 4.3（c）所示的剖面形状。如果增加化学刻蚀的粒子时，纵向的刻蚀速率会增加，但几乎不影响横向刻蚀速率，再次说明了化学刻蚀不是独立进行的。离子增强刻蚀具有优异的刻蚀方向性，同时具有较好的选择性，还能获得较高的刻蚀速率。通过选择合适的气体种类和调控工艺参数，可以增强化学刻蚀和物理刻蚀的协同作用，使离子增强刻蚀成为主要刻蚀过程。

大多数用于等离子体刻蚀的气体都包含卤族元素，主要包括氯、氟以及溴等。在等离子体的氛围中很容易产生含有这些元素的自由基，形成较高的刻蚀效率，且刻蚀的副产物一般是挥发性的气体。刻蚀某种具体薄膜时，选择刻蚀气体需要考虑几个方面，主要包括待刻蚀薄膜对下层材料的刻蚀选择比、刻蚀的方向性以及主要刻蚀副产物的挥发性。刻蚀副产物的沸点越低，它的挥发性越好。例如，氟化铝的沸点高达上千摄氏度，而氯化铝的沸点不到200℃，因此刻蚀金属铝通常选择含有氯元素的气体作为刻蚀剂。

等离子体刻蚀工艺的主要影响因素包括功率、气压、气体组成和流速等。一般来说，增大功率能提高等离子体密度和能量，从而得到更高的刻蚀效率，但由于轰击晶圆的粒子能量更高，也会增加晶圆表面的受损概率。气压对等离子体的密度的影响是先增加后减小的，开始增加气压时提高了系统中分子和原子的数量，但气压的进一步增加会导致粒子间的无序碰撞增加，限制了电子的能量和电离速率，因此较高气压下等离子体的密度反而降低。调控气体的组成和流速也是刻蚀工艺中的重要步骤，根据待刻蚀薄膜材料性质选择不同的刻蚀气体和组成比例。对于某种待刻蚀膜层，具体的刻蚀气体选择将由以下因素决定：首先是对于待刻膜层下层材料的刻蚀选择性，然后是刻蚀的方向性，最后是刻蚀主要副产物的挥发性。气体流速对刻蚀速率的影响通常不大，但需要达到气体的消耗和补充的平衡，太快的流速会导致过多的活性粒子尚未参与刻蚀就被排出腔体。另外，等离子体刻蚀对温度的变化不敏感，因为刻蚀过程中化学键的断裂和生成所需的能量来源几乎为高能的等离子体而非热能，增加温度并不能够显著提高刻蚀速率和刻蚀效果。

刻蚀均匀性是刻蚀工艺的重要指标之一，包括同一片晶圆上的刻蚀均匀性和不同晶圆之间的刻蚀均匀性。刻蚀均匀性首先要求刻蚀速率要尽量均匀，有时晶圆边缘比中心区域有更高的刻蚀速率，因为刻蚀气流首先到达边缘并被消耗，所以需要通过设计更加合适的刻蚀设备和工艺过程来获得均匀稳定的等离子体和气流，以帮助提高刻蚀均匀性。其次刻蚀速率也与膜层本身的密度和掺杂相关，因此膜层的沉积质量、掺杂元素种类和浓度分布也会对刻蚀的均匀性有所影响。影响刻蚀均匀性的另外一个问题是负载效应，主要分为宏观负载效应和微观负载效应。宏观负载效应指的是随着反应腔中需要刻

蚀的晶圆面积的增加而导致整体刻蚀速率下降的现象，这是因为材料的刻蚀伴随着晶圆表面刻蚀剂的不断耗尽，气相等离子体和晶圆表面刻蚀剂之间的平衡过程相对复杂且不易调控。即使增加气流速度，通常也不能改善宏观负载效应。这导致了在同样的刻蚀工艺参数下，刻蚀不同的设计图案可能会产生不同的刻蚀深度，因此在实际工艺过程中需要对具体的刻蚀图案进行实验摸索以得到适合的工艺参数。微观负载效应指的是在晶圆的较小区域内，由于刻蚀图案密度的差异导致的刻蚀速率不同。在图案密集的地方，刻蚀剂消耗得较快，供给失衡，刻蚀速率下降，造成刻蚀深度分布不均。不同的图形尺寸同样会引起微观负载效应，如宽的图形刻蚀得深，而窄的图形刻蚀得浅，也被称为与刻蚀深宽比相关的负载效应。这是因为对于较窄的图形，随着刻蚀深度的增加，刻蚀剂更加难以达到深槽底部，刻蚀产物同样也不容易排出，刻蚀速率渐渐低于较宽的图形，最终导致刻蚀深槽的深宽比越高，刻蚀速率越低。由于刻蚀速率的不均匀，以及膜层厚度本身也存在不均匀，通常需要在刻蚀终点附近延长 10%~20% 的刻蚀时间，即进行过刻蚀，以确保晶圆上需要刻蚀的膜层都能被完全刻蚀掉。

等离子体刻蚀中颗粒污染物的减少和去除也非常重要。颗粒污染物的主要来源是刻蚀过程中聚合反应的产物，通过降低反应腔体的气压可以减少系统中一些化学物质的聚合和颗粒的产生。晶圆上残留的颗粒污染物会引起器件性能异常，例如在刻蚀介电层时，有刻蚀颗粒残留在接触孔（Contact）或引线孔（Via）中，就会导致接触电阻显著增加。选择合适的刻蚀气体可以减少聚合反应的发生，但是有时又需要在刻蚀的侧壁形成聚合物保护层来减少横向腐蚀。适当的过刻蚀虽然通常有利于颗粒污染物的去除，但并不适用于所有膜层的刻蚀。例如，在刻蚀引线孔时，过刻蚀会使得下层金属被粒子轰击到刻蚀侧壁，反而让侧壁上的残留物更不容易去除。因此比较合适的方法是在等离子刻蚀结束后，进行选择性的化学刻蚀来去除残留物。

刻蚀工艺

不同待刻蚀材料具有不同的物理和化学性质特点，即使是相同材料的物化特性也会因为膜层生长成沉积方式的不同而发生改变，需要我们对刻蚀工艺方案进行相应的设计和调整。湿法刻蚀和等离子体刻蚀拥有各自的工艺特点和使用场景，两种刻蚀方法也需要根据具体的刻蚀要求做出工艺参数调控。我们需要深入了解刻蚀过程并仔细地调控工艺参数，以得到较好的刻蚀选择性、刻蚀剖面和均匀性，并尽量减少刻蚀过程中晶圆的损伤和污染，最终呈现上佳的"雕刻"效果。下面将主要介绍三种典型薄膜的刻蚀工艺，分别是二氧化硅薄膜、多晶硅薄膜和金属铝薄膜的刻蚀，并会阐述刻蚀工艺中的刻蚀剂选择和腐蚀过程等关键问题。

二氧化硅薄膜的刻蚀

在集成电路制造中，二氧化硅薄膜的用途很多，其薄膜也有很多种类，不同薄膜的特性受到生长方式、掺杂和热退火等影响。一般来说，热氧化生长的二氧化硅薄膜最为致密，被刻蚀速率小于化学气相沉积的薄膜。经过退火处理的薄膜刻蚀速率小于未退火的薄膜。掺有碳或氮的二氧化硅，其湿法刻蚀率相对较低。

二氧化硅的湿法刻蚀中最常用的刻蚀剂是氢氟酸溶液，氢氟酸与二氧化硅反应生成易挥发气体四氟化硅或可溶于水的氟硅酸，反应方程式为：

$$SiO_2 + 4HF \rightarrow SiF_4\uparrow + 2H_2O$$
$$SiO_2 + 6HF \rightarrow H_2SiF_6 + 2H_2O$$

对于单纯的二氧化硅薄膜，低浓度 HF 溶液的刻蚀速率基本是线性稳定的；而对掺碳二氧化硅的刻蚀速率不但不稳定而且还很低。

氢氧化铵、过氧化氢和水的混合溶液称为 SC1 溶液，常用来清洗晶圆上的少量有机物和金属颗粒等。$NH_4OH : H_2O_2 : H_2O$ 的混合比例为 $1 : 2 : 50$ 的 SC1 溶液在 60~70℃时对热氧化二氧化硅有很低的刻蚀速率（≈ 3 Å/min），可用于特殊步骤的精细控制。

二氧化硅的等离子体刻蚀常用 SF_6、NF_3 和 CF_4 等气体，主要刻蚀副产物为易挥发的 SiF_4，刻蚀过程主要是 F 自由基与 SiO_2 进行反应：

$$SiO_2 + 4F \rightarrow SiF_4 + O_2$$

当使用 CF_4 进行刻蚀时，CF_2 和 CF_3 自由基也会与 SiO_2 反应，生成含碳氧化合物的刻蚀副产物。向 CF_4 中加入 O_2 可以显著增加 F 自由基的产率，从

而提高刻蚀速率，但也使得刻蚀过程更为同向性。然而，以上的刻蚀过程对硅的选择性不佳，较高的 F 自由基浓度还会使刻蚀选择性变差。提高刻蚀方向性和选择性的关键在于适当减少等离子体中的 F 自由基并增加碳含量。例如，加入 H_2 和 CF_4 一起进行刻蚀，H 和 F 自由基反应生成 HF，就可以减少 F 自由基的含量，不过需要注意的是随着氢含量的增加，对光刻胶的腐蚀也会增加，甚至影响到刻蚀图案的精确度。或者使用 CHF_3 或 C_2F_6 等氟元素含量少一些的气体，减少 F 自由基各向同性的化学腐蚀，其他的含氟粒子更多地参与到刻蚀过程中，增强物理刻蚀和化学刻蚀的协同作用。此外，增加碳元素的比例有助于在刻蚀的侧壁积淀一层细密的氟碳化合物聚合物，进一步减少了横向的化学腐蚀过程。相比于二氧化硅，氟碳化合物聚合物更容易在硅的表面积淀，从而提高二氧化硅与硅的刻蚀选择比。在二氧化硅刻蚀结束后，使用 O_2 或适量 CF_4 的等离子体将聚合物去除。CF_4 去除残留聚合物效果较好，但由于对硅的刻蚀选择性不高，会导致横向腐蚀并可能对晶圆造成损伤，因此可以通过降低使用功率来尽量避免。另外，刻蚀结束后进行后退火也有助于聚合物的去除，因为有机聚合物通常在 300℃ 以上就分解了。

 ## 多晶硅薄膜的刻蚀

多晶硅是相对于单晶硅来说，其结构中有较多的晶粒和晶界，在集成电路制造中通常用来构筑晶体管器件的栅极和电阻器件等。多晶硅的湿法刻蚀有酸性溶液和碱性溶液。最常用的酸性刻蚀液是硝酸和氢氟酸的混合溶液，刻蚀过程中溶液分解出二氧化氮，首先把接触到的硅氧化为二氧化硅，接着被氢氟酸溶解为氟硅酸，总反应方程式为：

$$Si + HNO_3 + 6HF \rightarrow H_2SiF_6 + HNO_2 + H_2O + H_2$$

硅的碱性刻蚀液有氢氧化钾、氢氧化铵和四甲基羟胺溶液等。在硅片的加工中，常用强碱来进行表面腐蚀或减薄，在器件的"雕刻"过程中，则更多地使用弱碱，使硅较为均匀地剥离并保持较低的表面粗糙度。随着器件尺寸的缩减，会引入金属电极和高介电常数的化合物等新材料，为了减少刻蚀工艺对这些材料的影响，在后栅极制程中多晶硅的去除常用氢氧化铵和四甲基羟胺溶液。通过调整溶液的温度和浓度，调控刻蚀速率以及多晶硅与其他材料的刻蚀选择比。

二氧化硅的等离子体刻蚀常用含氟元素的气体，对于多晶硅来说，也可以使用含氟类气体作为刻蚀剂，因为氟化硅的挥发性较好。但当多晶硅的下层材料为二氧化硅时，使用氟类刻蚀剂很难同时获得各向异性刻蚀和较好的选择性。如果刻蚀过程对方向性的要求不高，可以通过向 CF_4 中增加 O_2 来提高多晶硅对二氧化硅的选择比，因为相比于二氧化硅，硅的刻蚀速率更容易受到 O_2 的影响。也可以在开始时用 CF_4 / H_2 进行各向异性刻蚀，当接近刻蚀终点时，使用 CF_4 / O_2 进行刻蚀，使硅相对二氧化硅有足够的刻蚀选择性，但这会导致多晶硅薄膜产生一定程度的钻蚀。

多晶硅的刻蚀想要同时获得较好的方向性和选择比，可以使用含氯的刻蚀剂，如氯气、氯化氢或四氯化硅等，使用含氯气体刻蚀的副产物其挥发性稍逊于氟类刻蚀剂，但在可接受的范围内。氯类刻蚀剂的刻蚀速率低于氟类刻蚀剂，但氯对多晶硅的横向腐蚀相对较弱，纵向腐蚀可通过粒子轰击来增强，能得到较好的各向异性刻蚀效果。不同于氟类刻蚀剂，含氯气体在刻蚀过程中几乎没有碳基聚合物积淀在硅的表面并减缓硅的刻蚀。另外，氯类刻蚀剂对二氧化硅的刻蚀速率很慢，且因为在较低的碳含量下，Cl-C 对二氧化硅和含氯自由基的刻蚀反应有促进作用，减少系统中的碳含量还能进一步降低其刻蚀速率。因此，氯类刻蚀剂对硅和二氧化硅的刻蚀选择比一般高于100，向刻蚀气体中加入少量的氧气能进一步提高选择比。

多晶硅的刻蚀还可以使用含溴的气体，如溴化氢和溴气等。溴类刻蚀剂和氯类刻蚀剂的刻蚀过程比较类似，前者的刻蚀方向性和选择性比甚至比后者更好，但刻蚀速率要慢一些，因此通常使用氯气和含溴气体的混合气体作为刻蚀剂使用。氯类和溴类刻蚀剂的一个主要缺点是它们的毒性和氟类刻蚀剂相比较强，所以对刻蚀设备和气体处理系统的要求更加严格。

另外需要注意的是，多晶硅的表面通常有本征氧化层，即使在经过溶液清洗后，较薄的氧化层也会重新生成，必须先去除这层二氧化硅后才能进行多晶硅的刻蚀。因此，在等离子体开始刻蚀的5~10秒时，会增加 CF_4 的用量或者增大刻蚀的功率来将表面的氧化层去除。多晶硅的刻蚀在接近终点时需要进行适度的过刻蚀，以确保薄膜刻蚀的均匀性。刻蚀结束后常使用氟化氢溶液进行清洗。

金属铝薄膜的刻蚀

金属铝因电阻率低、价格便宜、薄膜容易沉积和与介质层附着良好等优点,在现在的集成电路制造中作为连线材料被广泛应用,但是它的刻蚀工艺开发有许多难点。金属铝采用等离子体刻蚀,在薄膜的表面有本征氧化层——三氧化二铝,所以首先需要腐蚀氧化层,一般通过离子轰击的物理作用去除,可以使用氩气溅射刻蚀,同时加入含氯气体等,使得通过化学作用帮助更好地去除氧化层,以及水和氧气。氯气是刻蚀铝的常用气体,刻蚀副产物 $AlCl_3$ 比 AlF_3 有更好的挥发性,但是它对铝的刻蚀是各向同性的,且增强离子轰击对刻蚀速率的影响不明显。为了抑制横向腐蚀,需要形成饱和的氯碳化合物附着在侧壁进行保护,因此向刻蚀气体中加入三氯甲烷、三氯化硼、三氯氟甲烷或四氯化碳等混合气体。在铝的等离子体刻蚀中,光刻胶的腐蚀也是生成侧壁附着化合物的重要来源之一,加入氮气可以促进这一过程,可能原因是氮与光刻胶反应生成了碳氮类聚合物。

金属铝连接线中因工艺原因可能会含有一些硅和铜元素,铝的上下层通常沉积有钛或者氮化钛薄层,增加了刻蚀铝的复杂性。氯类刻蚀剂容易刻蚀硅、钛和氮化钛,所以影响不大;但铜的卤素类化合物的挥发性较差,所以需要增加离子轰击以及提高温度。虽然前面提到温度对等离子刻蚀的影响不大,但铝的刻蚀是一个例外。通常需要将包括反应腔壁在内的系统加热到 35~65℃,以确保刻蚀产物有足够的挥发性被排出反应腔。而由于等离子体较高的能量和离子不断地轰击晶圆,晶圆表面的温度可能会到达 100℃左右,这时要尽量减少晶圆表面温度的增加,因为保护侧壁的化合物易在高温下分解,从而导致横向腐蚀。另外,过刻蚀对铝的刻蚀同样很重要,除了确保刻蚀的均匀性之外,还需要将残留的氯碳化合物和含铜的化合物去除干净。

刻蚀完成后,晶圆将重新暴露在环境气体中,被刻蚀的铝侧壁或光刻胶中残留的氯化物会与空气中的水发生反应生成氯化氢。氯化氢会腐蚀铝,薄膜中含有的少量铜还会加剧这一电化学反应,因此在铝暴露于空气中之前需要进行钝化保护处理。可以将晶圆加热到 150℃左右来去除氯,不过最常见的工艺是将刻蚀后的铝用如 CF_4 等含氟的等离子体处理,将铝表面的氯替代为氟，再用氧气等离子体去除聚合物和光刻胶，除胶前可用去离子水清洗以去除可溶性氯化物。另外，也可以使用水的等离子体来钝化刻蚀后铝的表面，同时又能去除掉光刻胶。

刻蚀工艺一直在不断进行试验、改进和开发，以满足器件尺寸不断缩小的需求。光刻的特征尺寸已经到了 3 nm 的节点，对"雕刻"精确度的要求也越来越高，同时还可能有新的材料应用到芯片的制造中，因此等离子刻蚀工艺需要继续发展。目前，工业界已开发出了原子层刻蚀工艺，它是一种干法等离子体刻蚀，可以看作是原子层沉积的逆过程。原子层刻蚀的过程为先对待刻蚀材料表面进行改性处理，然后去除改性后的薄层，改性和去除过程都具有自限性，能够得到精确的刻蚀深度和光滑表面，并实现定向刻蚀。原子层刻蚀工艺目前尚未取代传统的等离子刻蚀，而主要用于精密控制去除原子层厚度的超薄层材料。从另一方面来看，为了提高生产效率和降低成本，晶圆尺寸在增加。目前常见的晶圆尺寸为 6 英寸、8 英寸和 12 英寸。较大的晶圆会给刻蚀均匀性和负载效应的调控带来更多的挑战。刻蚀设备的新设计和原位表征技术的应用也需要持续推进来克服这些困难，包括刻蚀终点的检测和自反馈系统的应用，实现在刻蚀过程中对气流、压力和功率等工艺参数的实时调控。此外，随着对环保问题的日益重视，使用污染和毒害性更小的化学试剂也是半导体工业中的发展趋势。

第五章 "给芯片加点佐料"

——芯片的掺杂工艺

什么是掺杂技术

在芯片的加工过程中，通常会有对构成芯片的半导体衬底或薄膜进行掺杂的步骤。就像做饭一样，需要放入各种调料才能使饭菜色香味俱全，而掺杂就是半导体工艺中"添油加醋"的过程。所谓的掺杂，就是将一定数量的杂质原子掺入到半导体材料内，通过引入的杂质来改变半导体材料的物理和化学性质，最重要的是改变其电学特性。

在半导体工艺中，掺杂的方法主要有扩散和离子注入两种。扩散是最早采用的一种掺杂技术，杂质源沉积在硅晶圆表面，以热扩散的方式在硅晶圆中形成一定的分布，杂质分布主要取决于扩散的温度与时间。离子注入是从20 世纪 70 年代开始使用的一种掺杂方法，这种技术将杂质以离子束的形式注入到半导体内，其分布主要取决于注入离子的质量和能量。两种方法在分立器件和集成电路中都有用到，并相互补充，例如，扩散可应用于形成半导体器件的深结，而离子注入可形成浅结。

扩散工艺

扩散是微观粒子（原子、分子等）在存在浓度梯度时通过热运动克服束缚而定向迁移的现象。利用扩散现象可以人为地对半导体晶圆进行掺杂，从而改变和控制半导体内杂质的类型、浓度和分布，以获得不同的电特性。对于硅衬底而言，主要的扩散元素有元素周期表中第三族的 P 型掺杂元素硼（Boron）和铟（Indium）和第五族的 N 型掺杂元素磷（Phosphorus）和砷（Arsenic）。下面对扩散工艺中的设备、扩散流程、扩散分布等做简要介绍。

 ## 扩散设备

在扩散工艺中，最为重要的设备即为扩散炉，它不仅可以用于扩散，还可以用于氧化、退火等工艺，是半导体工艺中不可或缺的设备。扩散炉按结构来分主要有两种：垂直扩散炉和水平扩散炉。扩散炉主要由进出舟系统、控制系统、气体控制系统和炉体加热系统等四个部分构成。其中，进出石英舟系统主要负责石英舟和硅片进出石英炉管；控制系统包括温控器、功率部件、超温保护部件、系统控制等部分；气体控制系统主要由气源柜以及各种阀门组成，用以工艺气体的输运以及对进气压力进行控制；炉体加热系统包括加热炉、水冷系统以及排热风扇等。

 ## 扩散的流程

随着集成电路制造工艺的发展，杂质源的种类也越发多样，可分为固态源、液态源和气态源这三类。固态源大多是含有杂质的氧化物或其他化合物，包括 BN、P_2O_5、As_2O_3 等，通常将它们压成硅片大小类似的片状；液态源一般为含杂质源的化合物；气态源通常为含杂质源的氢化物或卤化物。每种杂质源的性质不尽相同，因此扩散流程也各不一样。

对于固态源，将固态源和硅片分别放入坩埚和石英舟中一起放入扩散炉，固态源置于上游，硅片置于下游，通入惰性气体并进行加热。在高温下，固态源产生的蒸气随惰性气体输运到硅片表面与其发生反应，气化的杂质原子从硅片表面向内部扩散。液态源和气态源扩散流程类似，大致流程为：杂质源随着载气一起进入扩散炉中，设置一定的温度使得杂质源气体与硅反应生成二氧化硅和杂质原子，并在高温驱动下杂质原子进一步向硅片内部扩散。

杂质在固体中扩散的机制主要分为两种：间隙式扩散和替位式扩散。间隙式扩散指的是间隙杂质从一个间隙位置到另一个间隙位置的运动。而替位式扩散指的是替位杂质从一个晶格位置运动到另一个晶格位置。

 扩散分布

在对杂质扩散分布形式进行讨论前，我们需要给出杂质扩散满足的规律。1855 年，菲克提出描述物质扩散的第一定律，其表述为：杂质的扩散流密度 J 正比于杂质浓度梯度，负号表示扩散方向是由高浓度向低浓度进行，其表达式为：

$$J = -D \frac{\partial C\,(x,\ t)}{\partial x}$$

其中，扩散流密度 J 定义为单位时间通过单位面积的杂质粒子数；$C\,(x,t)$ 表示 t 时刻在 x 处的杂质浓度；D 为扩散系数。该定律指出如果在有限的基体中存在杂质浓度梯度，则杂质会产生扩散运动，扩散运动的方向是从高浓度的地方向低浓度的地方扩散。

菲克第一定律中的扩散系数是一个非常重要的物理量，通过推导可知其表达式为：

$$D = D_0 \exp\left(-\frac{W}{kT}\right)$$

其中，D_0 被称为表观扩散系数，即 $\frac{1}{kT}$ 趋近于 0 时的扩散系数；W 为扩散激活能。影响扩散系数的因素有很多，其中最主要的有：

（1）温度：温度越高，扩散系数越大，扩散速率越快。

（2）固溶体类型：杂质原子在间隙固溶体中比在置换固溶体中扩散得快。

（3）晶体结构：在温度及成分一定的条件下，原子在密堆点阵中的扩散要比在非密堆点阵中的扩散慢。

（4）浓度：扩散系数是随浓度而变化的。在低浓度下，扩散系数可以近似为不变，但在高浓度下扩散系数是浓度的函数。

（5）其他杂质的影响：如果同时存在几种杂质，则它们的扩散系数也会互相影响。

（6）晶体缺陷：实际晶体中还存在着界面、位错等晶体缺陷，扩散也可以沿着这些晶体缺陷进行，从而增强扩散。

（7）荷电空位效应：硅中常用的掺杂如硼、磷、砷、锑等都是替位式杂质，借助于空位而扩散。而空位也有可能接受或失去电子成为荷电空位，杂质通过这些不同荷电量的空位进行扩散的扩散系数是不一样的。总的扩散系数可以看成是这些不同荷电空位扩散系数的叠加，而且这些扩散系数要用它们存在的概率进行加权。

通过菲克第一定律可以推出菲克第二定律，即扩散方程，结合不同的边界条件和初始条件，就可以通过求解微分方程得到杂质的分布函数。扩散方式主要有两种：恒定表面源扩散与有限表面源扩散。下面分别讨论这两种扩散方式以及各自的特点：

（1）恒定表面源扩散：恒定表面源扩散指的是在扩散过程中，硅片表面的杂质浓度保持不变。通过扩散方程以及满足的边界条件和初始条件，可以求出扩散分布。

恒定表面源扩散的杂质分布如图5.1（a）所示，从图中可以看到在表面浓度一定的情况下，扩散时间越长，杂质扩散越深，扩散到硅片内的杂质数量也就越多。图中各条曲线下面所围的面积，可直接反映扩散到硅片内的杂质数量。

（2）有限表面源扩散：有限表面源扩散指的是先在硅片表面沉积一层杂质，这层杂质作为整个扩散过程的杂质源。同样，通过扩散方程以及满足的边界条件和初始条件，可以求出扩散分布。

有限表面源扩散的杂质分布曲线如图5.1（b）所示，图中各条分布曲线下面所包围的面积表示预沉积的杂质数量，故各条曲线下面的面积应该相等。相比与恒定表面源扩散，有限表面源扩散的表面杂质浓度更好控制，这种扩散方式有利于制作低表面浓度的器件或电路。

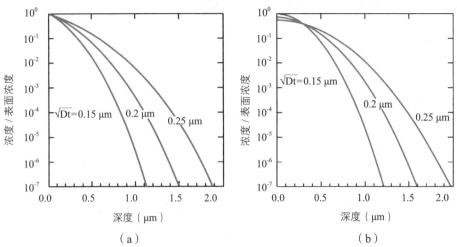

图 5.1 源扩散杂质分布情况图

（a）恒定表面源扩散的杂质分布情况；（b）有限表面源扩散的杂质分布情况。

扩散量的判定

对于恒定表面源扩散来说，其杂质分布曲线下面所围的面积，可直接反映扩散到硅材料内的杂质数量。如果扩散时间为 t，那么通过单位表面积扩散到硅片内部的杂质数量 $Q(t)$ 可通过积分法求出，求出 $Q(t)$ 后就可以知道杂质扩散的总质量。恒定源扩散的表面杂质浓度 C_s 由杂质某一扩散温度下对硅的固溶度所决定。而在这个温度区间内，杂质在硅中的固溶度随温度变化很小，因此很难通过改变温度来控制表面浓度，这也是该扩散方法的不足之处。对于有限表面源扩散，扩散的杂质总量即为 Q，在整个扩散过程中保持不变。然而，随着扩散的进行，表面的杂质浓度会减小。

扩散过程中掺杂原子分布的总体移动量也是扩散工艺的重要指标。有些工艺，如固态源、液态源以及气态源从外部通过扩散进入半导体形成所需的掺杂区域，需要有足够数量的掺杂元素渗透进入半导体材料，故而希望较大的扩散总量。相反有些工艺，如超浅结的形成，仅需要高温扩散步骤来电学激活已被掺杂的区域中的杂质，这时往往只需要较小的扩散移动量。杂质分布在扩散过程中按照前述的扩散方程变化是一个复杂的物理过程。一个简易但行之有效的估算方法是计算扩散系数（D）和扩散时间（t）的乘积，再开根号，便是扩散过程中杂质分布的位置移动量。

离子注入工艺

离子注入技术自20世纪70年代开始崛起，与上文提到的扩散技术一起作为主要的杂质掺杂工艺。两者都被应用于制作分立器件和集成电路，互补不足，相得益彰。离子注入是将具有一定能量的荷电离子注入某种衬底的工艺，有着时间短，控制注入离子种类、注入浓度和深度更灵活精确以及工艺温度较低等工艺特征。

 离子注入设备

离子注入技术采用的设备是离子注入机。离子注入机的种类繁多，可以按照束流的大小分类，分为：小束流离子注入机（10~100 μA），中束流离子注入机（100~2000 μA），强束流离子注入机（2~30 mA）和超强束流离子注入机（30~200 mA）。

以图5.2为中等能量离子注入机的示意图为例。气体离子源在加热灯丝作用下分解成为带电离子。然后，加上抽取电压后，带电离子被抽离离子源腔体进入束线部分的磁场进行筛选，选出的离子进入加速管。最后，到达靶室的衬底上实现离子注入。离子注入机的本体可以分为三个部分：离子源、束线部分、靶室以及终端台。

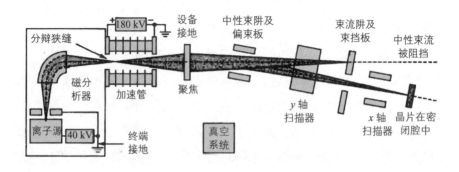

图 5.2　中等能量离子注入机的示意图

1.离子源：离子源主要部分为间热式阴极（Indirectly-Heated Cathode，IHC）源和萃取极。IHC源的作用是加热灯丝使其达到产生热电子的温度，然后热电子经过偏置电压加速轰击阴极。阴极也被加热到产生热辐射的温度，产生辐射电子，称为二次电子。这些二次电子利用弧电压加速以及源磁场，进行螺旋运动，轰击气体分子，从而产生等离子体。萃取极将IHC源产生的正离子萃取，阻止其轰击阴极产生二次电子进入IHC源产生破坏。萃取极中还加入了抑制极电压，用来增加离子束的传输效率，对萃取后的离子进行聚焦，形成有较好形状的离子束进入束线部分。

2.束线部分：束线部分主要包括聚焦透镜、磁场分析器、加速或减速电极、测束流法拉第杯等。聚焦透镜是利用磁场对离子束做垂直或者水平方向的拉伸或者压缩，使其具有一个较好的形状。磁场分析器利用洛伦兹原理，由于不同质量与不同带电荷数的离子在经过磁场时洛伦兹力的作用下进行不同曲率半径的圆弧运动，从而筛选出质量 / 电荷比符合的离子通过。不同注入机的最大区别就在于束线部分。在磁场分析器后加速电极或减速电极，使离子的能量增加或减少从而变成高电流或者中电流注入机。测束流法拉第杯是利用磁场或者电场作为偏置装置，只允许正离子通过，再利用电量计来计算离子束流的大小。

3.靶室以及终端台：作为设备的最后一步，会根据之前的机械结构来安置靶室内的衬底状态，如静止状态、垂直方向往复运动、同时做垂直和旋转运动等。

 离子注入分布

离子注入过程是一个非平衡的过程，高能离子进入靶材料后，不断与晶格中的原子核碰撞，并在晶格中电场影响下，消耗自身动能并逐步减速。离子在碰撞的过程中能量不断损失，直至停止，其停下来的位置具有一定的随机性。

1.离子分布：R 为入射粒子在基体内运动的总路程，R_P 为投影射程，如图5.3（a）所示。单位距离的碰撞次数以及每次碰撞的能量损失都是随机变量，由此相同质量和相同初始能量的离子形成一空间分布。投影射程的统计涨落称为投影偏差 σp。

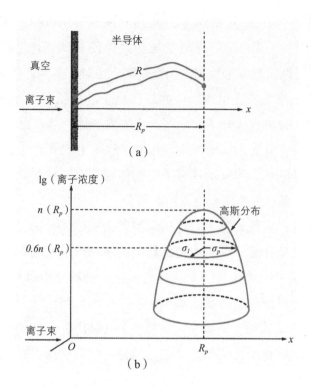

图 5.3　注入离子分布示意图

（a）离子射程 R 和投影射程 R_p；（b）注入离子的二维分布。

离子注入的实际浓度分布接近高斯分布，如图 5.3（b）所示。离子注入的最大浓度位于投影射程 R_P 处；在经 $x - R_P = \pm \sigma_p$ 处，离子浓度比最大值降低 40%；在 $\pm 2\sigma_p$ 处降低为 10%；在 $\pm 3\sigma_p$ 处降低为 1%；在 $\pm 4.8\sigma_p$ 处降低为 0.001%。

在实际的注入过程中，离子的分布还要受到扩散的影响，所以真实的离子分布非常复杂，不符合严格的正态分布。入射粒子与靶材料的碰撞产生的散射，会造成离子的横向注入，但与热扩散工艺相比小得多。

2.离子阻滞：对基体中离子分布的研究，要考虑到注入离子在靶中的能量损失过程。有两种阻滞机制可以使高能离子进入靶后最终停下来。一是核阻滞，离子将能量传给靶原子核，使入射离子发生偏转，造成靶原子核从原来的格点移出。二是电子阻滞，入射离子和靶原子周围的电子云相互作用，离子与电子发生碰撞而损失能量，电子被激发到更高能级或脱离原子。

离子能量的损耗是由两种阻滞相叠加而来，若已知入射粒子的初始能

量，可以对入射粒子在基体里运动的总路程进行计算。核阻滞的过程中，我们可以将入射粒子比作一个入射的"硬球"，靶原子核作为一个静止的"硬球"，两球相碰撞，入射粒子能量转移给靶原子核。

入射粒子能量较低时，核阻滞占主要地位，入射粒子主要与靶原子核发生弹性碰撞。中等能量时，核阻滞与电子阻滞占同等地位。在高能量时，入射粒子高速运动，没有足够的与靶原子核进行有效的能量转移相互作用的时间，所以核阻滞忽略不计，入射粒子主要与核外电子发生弹性碰撞，产生能量损失。

注入离子能量损耗机制除了与入射粒子的能量有关之外，还和质量有关。重的原子有更大的核阻滞本领，即单位距离的能量损失更大，射程越小。

 ## 离子注入相关工艺方法

1. 直接注入与间接注入：直接注入是指离子在光刻窗口直接注入衬底。射程大，杂质离子较重时可以使用该方法。间接注入是指通过介质薄膜或者光刻胶注入衬底晶体。间接注入污染小，可以获得精准的表面浓度。

2. 多次注入：多次注入是指一系列不同能量或者剂量的杂质注入。多次注入过程中，每次杂质的注入剂量和注入的能量都可按照需要进行调节，注入效果为多次注入杂质效果的叠加，由此可以达到一次注入无法达成的杂质分布。此方法能准确地控制杂质分布。例如，在硅中预注入惰性离子，使表面非晶化，而且可在低温下实现近乎百分之百的杂质激活。此外，多次注入也可用于形成平坦的杂质分布。

3. 倾斜角注入：当器件缩小至亚微米尺寸时，垂直方向杂质分布的缩减也很重要。例如，MOSFET 的漏极轻掺杂区域需要同时在纵向与横向上精确控制杂质分布。

垂直于表面的离子速度决定了注入离子分布的投影射程。如果晶片相对于离子束倾斜了一个很大的角度，则有效离子能量将大为减小，这就称为倾斜角注入。在验证实验中，以相同能量的离子注入，改变离子束的倾斜角度，会发现倾斜角度越大，离子注入基体的深度越浅。以高倾斜角度注入，除了离子分布极浅以外，我们还需要考虑晶片上掩膜图案的阴影效应，也就是掩蔽层有一定的高度，会产生遮挡导致掩蔽层阴影下的部分离子未掺杂到，所以倾斜角度导致了一个小阴影区，将会产生一个预料之外的串联电阻。

4. 高能量与大电流注入：高能离子注入机能量高达 1.5~5 MeV，可以将杂质掺入半导体内数微米深处而且无需借助高温长时间的扩散，也可用于产生低电阻埋层。比如，在 CMOS 中，埋层距离表面有 1.5~3 μm，此时就可以用高能离子注入机注入。

大电流注入机工作范围为 25~30 keV，可以精准控制杂质总量，通常用于扩散工艺的预沉积，之后用高温扩散推进，退火消除注入损伤。而且在 MOS 器件中，可以用其在沟道区精准注入一定量杂质来调整阈值电压。

目前已经有能量范围介于 150~200 keV 的大电流离子注入系统。这些机器的主要用途是制作高品质硅膜，通过氧注入使硅膜与衬底间插入二氧化硅层，从而使该硅膜与衬底绝缘。这种氧注入隔绝（SIMOX）是一种绝缘层上硅（SOI）的关键技术。

 注入损伤

一定能量的离子注入半导体衬底后，会与原子核和电子碰撞损失能量而停下来。电子碰撞后，被激发到更高的能级或者产生电子 – 空穴对，但不会使半导体原子偏离其晶格位置。只有与原子核的碰撞可转移足够的能量给晶格，使主原子从晶格位置移位。被移位的原子还可能把能量依次传给其他原子，结果发生一系列的空穴 – 间隙原子对以及其他类型晶格无序分布。这些因为离子注入所引起的缺陷，统称为注入损伤（亦称晶格无序）。

1. 简单的注入损伤：移位的原子获得入射能量的大部分，接着如同骨牌效应一般引起邻近原子级联的二次移位，重复此过程直至能量消耗殆尽，被称为"级联碰撞"，从而形成一个沿着离子路径的树状无序区。

入射离子产生的损伤分布取决于离子与主体原子的轻重，所以轻离子和重离子注入晶片时导致的损伤分布颇为不同。由于碰撞时转移的能量正比于离子的质量，每次与晶格原子碰撞时，轻离子转移很小的能量，因此入射离子会有较大角度散射，移位的晶格原子只具有小的能量，不可能产生其他靶原子的位移。入射离子的大多数能量是在与电子的碰撞中损失的，所以只有

相当小的晶体损伤。而轻离子的射程比较大，损伤将扩展到靶体较大的区域。当轻离子快速运动时，阻止本领变得更小，因此往往在表面区域几乎没有缺陷，大部分的损伤会发生在离子终止位置附近。

重离子在相同的情况下，原子核碰撞传输给靶原子的能量很大，这意味着移位原子能多次产生位移损伤，离子散射具有更小的角度，离子射程也较短，这些因素使缺陷集中在一个很小的区域内。

如图5.4所示，分别给出了轻离子和重离子注入晶片时导致的损伤。

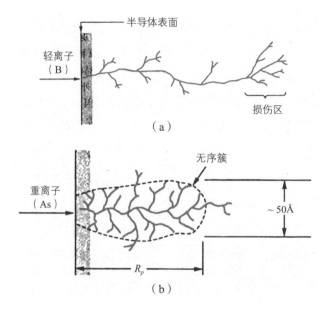

图5.4 离子注入导致的损伤示意图

（a）轻离子导致的注入损伤；（b）重离子导致的注入损伤。

2. 非晶化：损伤的程度取决于入射离子能量、离子的剂量、剂量的速率、离子的质量及注入的温度。注入离子能量越高，产生的移位原子数量越多，损伤越严重，越容易产生非晶区。当单位体积内移位原子的数目接近半导体的原子密度时，材料就变成非晶的了。

退火工艺

离子注入常常在半导体衬底被注入的部位造成损伤，使载流子迁移率和

85

少子寿命等半导体参数受到严重的影响，因此需要后续的退火处理来去除这些损伤。退火的目的便是消除注入损伤，并使注入的杂质原子实现电激活。退火，也称热处理工艺。在集成电路工艺中，在氮气等不活泼气体中进行的热处理，都可以称为退火。

 杂质激活

完成离子注入后，被注入的离子大多数处于晶格的间隙位置，而处在这个位置上的杂质原子不会释放出载流子，起不到施主或者受主的作用，也就无法改变半导体的导电特性，达不到掺杂的目的。注入区的晶格结构也受到了破坏，甚至变为非晶，注入的杂质难以进入替代位置。杂质激活便是指经过适当温度的退火处理，不在晶格位置上的杂质原子全部或者大部分从间隙位置进入替代位置而释放出载流子，从而改变半导体的导电性质的过程。

在传统热退火中，使用类似于热氧化的批量式开放炉管系统。退火温度定义为传统退火炉管中，退火 30 分钟时有 90% 掺杂原子激活的温度。例如，对于硼注入，高的剂量需要高的退火温度；对于磷注入，在低剂量时与硼注入趋势相同，但是剂量达到 $10^{15}\,\mathrm{cm}^{-2}$ 之后，退火温度降低，这与固相外延有关。在固相外延过程中，掺杂原子随着主原子进入晶格位置，所以在较低温度下可以实现杂质的激活。

86

 快速热退火

常规热退火工艺的系统采用电阻丝加热，控温的精度在 ±2℃。炉管的外层为 Al_2O_3 耐高温的陶瓷管，内层为石英管。退火过程中，待炉温升高至设定的温度后再将样品放入。到达退火时间后，样品被迅速取出，自然冷却至室温。

快速热退火工艺系统中常使用卤钨灯或惰性气体长弧放电灯作为光源，工艺腔体由石英、碳化硅、不锈钢或铝做成，光照射在支架座上放置的晶圆上。

退火处理过程包含三个阶段：升温阶段、稳定阶段和冷却阶段。当退火炉的光源一打开，温度就随着时间而上升，这一阶段称为升温阶段。单位时间内温度的变化量是很容易控制的。在升温过程结束后，温度就处于一个稳定阶段。最后，当退火炉的光源关掉后，温度就随着时间而降低，这一阶段称为冷却阶段。

RTA 系统工作原理为：将样品放入石英盒，通入高纯气体，卤钨灯产生光辐射，周围的反光板将其汇聚到石英盒的样品上。作为唯一光吸收体的样品，温度迅速升高。测温热电偶实时检测温度，经线性化和放大后，送入比较电路与微机控制器的输出信号比较，再输出信号控制可控硅导通角，从而改变灯泡电流大小，实现控温。冷却系统采用水冷和强制风冷实现可控降温。图 5.5 为快速热退火系统的示意图。

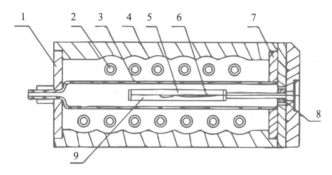

1—后反光板　2—卤钨灯　3—石英盒　4—上反光板　5—石英支架
6—热电偶　7—前反光板　8—石英支架座　9—硅片

图 5.5　快速热退火系统的示意图

常规的热退火工艺不能完全消除缺陷，还会产生二次缺陷，增加表面污染。具体来说，其升温或降温缓慢，热处理时间长，导致高温下杂质的扩散系数大大增加，杂质再分布问题严重。快速热退火工艺由于升温迅速，加热时间短等优点脱颖而出，在制备浅结器件方面十分有利。

 激光热退火

激光热退火是利用激光的热效应而不引发化学反应的一种热处理手段。此技术是指激光束照射在固态半导体表面，材料吸收较高密度光子的能量，发生相变。相变的一般顺序为：固态—液态—固态。结果是把非晶态材料转变为多晶或者单晶态。激光束照射在固态半导体表面，当激光功率超过阈值，材料熔化为液态后发生两个过程：其一，杂质激活再分布；其二，晶粒在再结晶过程中长大，薄膜的结晶度得以提高，也就是激光退火结晶。

最初，激光热退火是应用于消除离子注入后的材料损伤的。与传统热退火相比，激光热退火可以有效修复离子注入带来的晶格结构损伤，加热时间极短（退火时间 10^{-9} s 量级可控），而且离子激活效率更高，激活深度更好，不损伤正面器件。激光热退火还被应用于制备薄膜晶体管（Thin Film Transictor，TFT）的有源层。激光热退火的短时间驱动可以减少衬底杂质向薄膜的扩散。同时，激光热退火是自上而下的工艺，会在薄膜中形成温度梯度，薄膜表面温度高，衬底温度低，有效地减少了退火对衬底的损伤，所以激光热退火工艺更适用于大尺寸、柔性显示背板的制备。

1. 激光波长与退火深度：激光入射到材料中有三个阶段的表现形式：第一阶段，激光能量没有使晶体熔融，入射激光在固体中传播直到衰减为 0；第二阶段，激光能量使晶体熔融，后续入射激光在熔融态（液体中）传播直到衰减到 0；第三阶段，熔融区晶体再结晶，温度逐渐降低并进行热扩散和辐射传播。

激光在材料中的衰减规律的公式如下：

$$I(x) = I_0 \cdot e^{-\alpha x}$$

其中，I_0 是经过反射损耗后薄膜表面以下的激光强度，$I(x)$ 是薄膜表面下深度为 x 的激光强度，α 是薄膜的吸收系数。

一定波长的激光对材料的退火深度与吸收系数有关，公式如下：

$$\delta = \frac{1}{\alpha} = \frac{\lambda}{4\pi k_e}$$

其中，δ 是退火深度，k_e 是消光系数，λ 为激光波长。

不同波长的光在材料中的退火深度不同，激光波长增加，吸收系数降低，光透射率和退火深度增加。因此，激光波长的选择关系到是否能在有效激活注入离子的同时又不损伤正面器件结构。

2. 激光光斑尺寸与产率：激光热退火设备的产率主要取决于扫描曝光的执行效率。激光热退火设备的光斑尺寸与扫描曝光的执行效率直接相关，故光斑尺寸越大，则产率越高。更大的光斑尺寸将减少扫描往返的次数，从而提高产率。但是光斑尺寸越大，会带来光斑均匀性差、激光器功率过高等问

题，所以产率与光斑尺寸这两者要达到一个有机的平衡。光斑的大小又与激光能量密度有关。一定能量密度的激光能诱导薄膜表面粒子产生热运动，从而修复薄膜表面的缺陷，使薄膜的表面致密化。达到阈值能量密度的激光还能诱导薄膜重结晶和非晶薄膜的晶粒生长，修复薄膜晶界缺陷，填补内部孔洞和微裂纹。

3. 退火气氛：由于在空气中操作激光热退火引入的氧缺陷会影响 TFT 性能。这种缺陷往往难以通过钝化技术进行修复，因此激光退火通常采用真空或惰性气氛环境，从而减少空气中水分和氧气等对薄膜性能的影响。气氛的种类和压强等会影响薄膜激光热退火后的表面形貌、颗粒大小，从而影响薄膜的光学性能。其中，高热导率气体会因为激光诱导的热碰撞而迅速冷却，减少热效应的产生，从而降低薄膜的表面粗糙度和晶粒大小。一般来说，在热导率高的气氛下退火，薄膜的表面更平整，晶粒尺寸更小。

随着 IC 产业不断发展，器件的尺寸不断地缩小，集成在芯片上的晶体管的数量越来越多，对于退火工艺提出了更高的要求。激光热退火具有很多的优势：激光光源的光斑大小以及空间位置可控，因此能够对样品进行局部退火；激光具有较高的能量密度，可以大幅缩短退火时间；另外，激光热退火后的样品的晶粒尺寸更大，缺陷更少，制备的器件具有更好的电学性能。在发展的过程中，将激光热退火与其他退火工艺结合起来应用，也是一大趋势。如此一来，效果往往比使用单一的热退火工艺要更好。

 微波热退火

随着摩尔定律的进一步延续，当器件尺寸按照等比例缩小的原则进入深亚微米阶段时，为了抑制短沟道效应，要求器件的源、漏区结深必须非常浅。传统的热退火工艺由于升温、降温缓慢，热处理时间长，从而导致杂质再分布问题严重，难以控制源、漏区结深，无法达到深亚微米半导体器件制备的要求。快速热退火工艺随着器件尺寸的进一步缩小，其高热预算无法满足要求。激光热退火工艺虽然热预算低，但是由于退火均匀性差、工艺稳定性差等原因，无法成功应用到生产当中。

而微波热退火是一种有潜力的低温快速热退火工艺。在较低温度下，微波热退火能有效地抑制杂质再分布现象，同时能有效地激活掺杂和修复晶格损伤。其主要原理为：偶极子在微波电场的作用下发生振荡，通过相互摩擦产生热量进行加热。磁控管产生实验所需的微波，通过波导管传输至真空的反应腔室。退火的材料放置在真空反应腔室的石英支架上。退火前先对腔室抽真空，然后充入氮气进行保护，当腔内气压稳定后开始进行退火。退火过程中，通过红外测温系统对腔室内温度进行实时测量。微波热退火的温度相比于快速热退火来说相对较低，可以实现低温退火，而且在杂质激活和退火均匀性方面与快速热退火相比也不逊色，显示出了良好的应用前景。

第六章 "给芯片穿上层层新衣"

——薄膜技术

什么是薄膜技术

在芯片的制造过程中，需要将不同的薄膜材料集成到硅晶圆衬底上，以实现不同的功能。譬如，二氧化硅、氮化硅、三氧化二铝薄膜可用做绝缘层，单晶硅、多晶硅薄膜可用做半导体层，金属铝、铜薄膜可用作导电层等。这些不同材料的薄膜需要按照特定的厚度、材料特性和填充要求等沉积在晶圆上的不同位置。此外，根据不同材料的薄膜及其特性要求，人们可以采用不同的工艺技术来制备相应的薄膜。从目前的工艺特点来看，主要包括化学过程和物理过程两大途径。前者是通过不同反应物之间的化学反应来实现薄膜沉积，后者是通过离子溅射或热蒸发出来的原子或离子在衬底表面沉积而形成薄膜。总之，在芯片制造中所需要的材料薄膜必须要根据薄膜的用途来设计和优化薄膜的制备工艺，以满足其功能、成膜特性和集成工艺的要求。

薄膜的基本特性

薄膜的特性随着薄膜制备工艺的变化而不同，因此在评估薄膜的特性和选择制备工艺时，需要从以下三个主要方面来考虑。

第一个（首要）指标是薄膜特性。主要包括薄膜组成、杂质含量、缺陷密度、电学性能及机械性能等方面的特性。这些都属于薄膜的基本特征，与制备工艺密切相关。对于薄膜的质量来说，它不存在统一的、恒定的评价标准。事实上，根据薄膜在芯片中应用场景的不同，人们对同一种材料薄膜质量的评价标准也会不同。薄膜组成是薄膜质量的首要特征，获取特定的物质组成是薄膜制备的首要目标。然而，由于薄膜制备过程中通常会发生一些难以避免的化学或物理过程的变化，导致薄膜组成会随着工艺条件的不同而发生改变，因此制备薄膜方式的选择、实验条件参数的设定就显得十分重要。除了上述提到的薄膜组成以外，薄膜的物理结构和性能也是影响薄膜质量的重要因素。例如，在薄膜沉积过程中，表面的颗粒污染物会导致薄膜内部出现孔洞或其他结构缺陷。这些物理意义上的缺陷会进一步对薄膜的电学性能、机械性能等产生影响，因此我们在制备薄膜过程中需要尽量避免这些缺陷。薄膜的机械性能是不可忽略的一个质量因素，因为不论是在后续加工工艺还是在最终产品的使用中，都要求薄膜具有符合要求的机械稳定性。由于芯片结构中用到很多薄膜都具有结晶性，故而晶体应力对薄膜的机械性能影响很大，因此沉积薄膜时需要尽可能地消除内部应力。另外，相邻薄膜之间的黏附力同样会影响到机械稳定性。黏附力差的薄膜可能容易在外界机械作用下发生脱落，因此薄膜与衬底或其他材料之间良好的黏附力也是重要的考量因素。

第二个指标是薄膜均匀性。薄膜均匀性是一个较为宽泛的概念，按照要求的不同可以分为三个层面，分别为单个晶圆上的薄膜均匀性（又称片内均匀性）、不同晶圆之间的薄膜均匀性（又称片间均匀性）和台阶覆盖时的薄膜均匀性（又称共形性）。前两者是对沉积薄膜的共性要求。例如，片内均匀性是指在晶圆的不同位置处薄膜的厚度、成分和结构的一致性，反映沉积工艺的稳定性；片间均匀性通常是指同一批次不同晶圆之间所沉积的薄膜的一致性，反映的是工艺的重复性和稳定性。当需要在非平面结构的衬底上沉积薄膜时，则对台阶覆盖的均匀性有较高的要求，即在水平表面和垂直表面上都具有均匀的厚度且连续。如果出现厚度的不均匀性，则可能会导致薄膜的电学性能或机械性能的破坏。例如，当该薄膜为金属时，台阶处厚度降低则会导致金属薄膜的电阻增大。若该现象在芯片中大量存在则对器件性能、功耗都有很大的负面影响。

第三个指标是薄膜的空间填充性。这是对拓扑结构之间或其内部的空间进行填充时需要考量的指标。在单个器件内部或器件与器件之间，这些间隙或孔结构都是十分常见的结构。与厚度均匀性不同，空间填充性更多考虑的是满足隔离或连接的目标，使两个结构之间绝缘或导电。薄膜的填充性较差时通常会出现孔洞或覆盖不完整的情况，这些孔洞可能在机械作用下发生破裂，或吸附加工过程中的杂质，从而降低产品的可靠性。若金属薄膜覆盖不完整也会导致薄膜不连续，从而丧失导电功能，或者将下方本应被覆盖的结构暴露出来。深宽比是一个常用来描述薄膜填充性能的量化指标，它可以简单地理解为待填充结构（如深槽）的深度与宽度的比值。一个深宽比越大的结构，其薄膜完整填充的难度就越大。随着集成电路特征尺寸的不断缩小，薄膜沉积工艺的深宽比也在不断提升，这导致一些传统工艺技术面临着严峻的挑战。总之，由于薄膜的性能受其制备技术决定，而不同的制备技术又具有各自的优势和劣势，因此只有进一步了解各种薄膜制备技术的原理和特点，才能够根据实际需求选择合适的制备技术。

薄膜的沉积技术

目前在芯片制造过程中主流的薄膜沉积技术分为两大类：化学气相沉积（CVD）和物理气相沉积（PVD）。CVD 技术主要用于硅和介质的沉积，这是由于它可以获得良好质量的薄膜以及优异的台阶覆盖率。PVD 技术主要用于金属薄膜沉积，由于它可以沉积多种金属和合金，而这些恰恰是 CVD 技术很难达到的。有时候 PVD 也叫真空沉积，因为该过程需要一个低压环境。第三类薄膜沉积技术称为涂层或涂布（Coating），即将液体薄膜涂敷在硅片上，然后进行加热，它就变成固体薄膜。例如，可用于平坦化的旋涂玻璃（SOG）。第四类为电镀或电解沉积技术，如用于实现集成电路铜互连线。下面将具体介绍集成电路制造中使用最多的 CVD 和 PVD 两大类薄膜沉积技术。

 ## 化学气相沉积

在 CVD 过程中，气体被通入到沉积腔中，然后通过化学反应在衬底表面形成所需要的薄膜。根据通入沉积腔中气体的种类可以分为两种情况：若通入的是单一气体，则该气体会在加热条件下通过分解反应来实现薄膜沉积；若通入的是多种气体，则它们之间通过化学反应而产生薄膜。在 CVD 技术中，除了反应物本身，其他的反应条件诸如温度、压强、等离子体等都会影响到薄膜的质量，因此根据这些反应条件的不同还可以将 CVD 进一步细分为不同类型，如常压化学气相沉积（APCVD）、低压化学气相沉积（LPCVD）、等离子体增强化学气相沉积（PECVD）等。

不同类型的 CVD 所遵循的基本原理是相同的，因此这里以工艺最简单的 APCVD 为例来介绍 CVD 工艺的基本过程。如图 6.1 所示，一个完整的 CVD 工艺主要包括 7 个步骤：第一步，利用强制气流将气态反应物（又称前驱体）通入沉积区，当涉及到多个气态反应物时，需要多个管道来分别运输反应物以避免其在进入腔体前发生混合而反应；第二步，在浓度梯度作用下，气态反应物从主气流区穿过边界层扩散到衬底表面；第三步，反应物吸附在衬底表面，该过程通过化学吸附或物理吸附来实现；第四步，在衬底表面发生一系列的微观过程，包括反应物的分解或反应、原子在衬底表面迁移到附着位点、位点的引入以及其他表面反应；第五步，副产物从衬底表面脱附；第六步，副产物以扩散的方式穿过边界层，返回到主气流区；第七步，在强制气流的作用下，副产物离开沉积区，然后被排到腔体外。事实上，第二至第五步是整个 CVD 过程对薄膜生长速率和质量影响最大的步骤。在 CVD 过程中，薄膜生长速率主要由气态反应物扩散速率和表面反应速率两个步骤共同控制。前者决定了反应物扩散至衬底表面的量（即质量传输），后者则决定

94

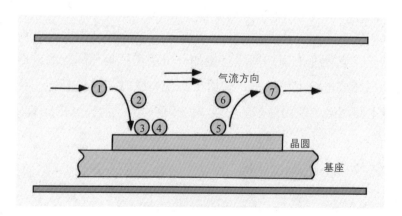

图 6.1　化学气相沉积的主要步骤

了衬底表面反应所消耗的反应物量（即表面反应），当二者之间达到平衡时则薄膜处于最佳的稳定生长。相反，如果质量传输与表面反应这两个过程未达到平衡，则薄膜生长速率取决于其中相对较慢的过程。换句话说，当反应物扩散速率比反应速率慢时，薄膜生长速率受气体扩散过程控制。如果扩散速率大幅提升，则薄膜生长过程会转变为受反应速率主导的模式，从而可以避免气流扩散不稳定而导致的厚度不均匀的现象。

与 APCVD 相比，LPCVD 工艺的腔体气压更低，因为腔体处于低压状态可以提高气态反应物从主气流向衬底表面的扩散速率。扩散速率对温度并不敏感，而反应速率却对温度十分敏感，因此对于受反应控制的薄膜沉积过程，可以通过提高衬底温度来获得更快的薄膜沉积，这在一定程度上也避免了低温条件对薄膜质量的不利影响。就 LPCVD 来说，它的低压设计就是为了提高扩散速率，实现薄膜沉积受反应控制的沉积过程。图 6.2 为典型的 LPCVD 反应器，所有硅片被垂直地放置在石英舟上，并使用真空泵降低和控制反应器中的气压，通常腔体内气压控制在 0.25~2.0 torr 范围内，沉积温度的范围为 300~900℃，温度控制精度在 ±1℃。需要强调的是，当反应物气流从进气端流向出气端过程中，薄膜的沉积会逐渐消耗一部分反应物，从而使反应物的浓度降低，进而影响到薄膜的沉积速率。因此，为了确保片间薄膜厚度

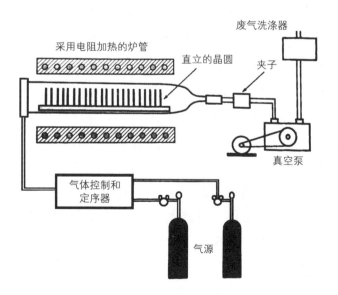

图 6.2　代表性的低压热壁 LPCVD 系统

的一致性，我们需要在沿着主气流输运的方向上逐渐升高沉积温度，即保持一个 5~25℃ 的温度梯度。这样可以通过升高温度来增加反应速率，从而抵消由反应物浓度降低造成的薄膜沉积减慢。此外，也可以采用分散的进料装置来规避上述问题，即气态反应物以有规律间隔的方式被注入到管式反应腔中。总之，采用 LPCVD 系统具有如下额外的优势：（1）在所沉积的薄膜中发生自发掺杂更少，这是由于在低压状态下反应副产物能快速穿过边界层而扩散到主气流中，随后被排出腔体外；（2）所需要的载气或稀释气体更少或根本不需要，因此气体消耗要少得多；（3）在更低的气压下通常气相反应会更少，因此在晶圆上形成的颗粒沉积的概率就更低。

有时在进行薄膜沉积时，衬底的温度会受到限制，例如，铝金属托盘所承受的沉积温度必须低于 450℃。对于 APCVD 或 LPCVD 来说，在如此低的温度下沉积薄膜的速率是很低的，所沉积的薄膜质量也较差。因此，为了提高薄膜生长速率和薄膜质量，同时避免过高的反应温度，人们开发出了 PECVD 技术。在薄膜沉积过程中，除了利用热源来提供化学反应所需要的能量之外，还采用了等离子体源。等离子体含有中性的氩离子，以及近似相等的正离子和自由电子，它是一种导电中间物。简单地说，等离子体可以提供额外的能量给反应的气体，因此与单一加热的条件相比，PECVD 可以在更低的温度下完成反应并沉积薄膜。通常情况下，介质薄膜的 PECVD 可以在 200~350℃ 温度范围内进行。除了低温沉积的优点以外，PECVD 还可以更容易调控薄膜的特性，如组成、密度、应力等，具有相当好的覆盖率和凹槽的填充性。

96

 ## 物理气相沉积

不同于 CVD 需要依靠化学反应来实现薄膜的沉积，PVD 主要通过物理过程来完成薄膜沉积。在 PVD 过程中，薄膜的组成成分如单个原子或分子，通过固体或熔融状态物质的挥发、等离子体的高能气态离子、靶材溅射等方式进入气相。这些原子或分子在低压或者真空环境下撞击在衬底表面，并以凝聚的方式形成薄膜。由于不需要发生化学反应来沉积物质，PVD 技术相对 CVD 可以实现大多数材料的沉积。但相对 CVD 不利的一点是，由于 PVD 在真空条件下进行，气相分子的碰撞和衬底表面的分子重排发生概率低，这就意味着这些原子或分子一旦凝聚在衬底表面便很难再发生转移，因此PVD沉积薄膜在厚度均匀性、台阶覆盖均匀性方面表现较差。

在较早期的PVD技术中，受设备条件的限制，设备结构最为简单的蒸发沉积是最主要的沉积工艺。简单来讲，蒸发沉积就是在较高真空度下，通过钨丝或电子束加热使固体物质熔化或直接挥发出所需要的气态原子或分子，这些原子或分子扩散到目标衬底表面并沉积凝聚成薄膜。蒸发沉积的优点主要有两个方面：一是气态原子或分子是通过加热挥发产生的，其相对等离子体等产生的气态物质能量较低，因此对衬底表面产生的损伤很少。这一特点对敏感材料比如有机半导体会显得尤为重要。二是高真空下杂质含量相对较低，因此不会对薄膜造成污染，得到的薄膜成分比较纯净。然而，蒸发沉积也存在诸多明显的缺点。例如，蒸气压低的金属、特定组分的合金薄膜以及其他非金属化合物都难以实现蒸发沉积，这很大程度地限制了其适用范围。另外，由于蒸发沉积的真空度高，气态组分的平均自由程非常大且从源到衬底表面可以视为直线传输，因此气态组分只能以非常局限的角度抵达衬底表面，从而导致台阶处的薄膜覆盖均匀性很差。虽然沉积过程中保持衬底的旋转可以扩大抵达角度的范围，但仍然很难从根本上改善这一缺点。

蒸发沉积固有的台阶覆盖均匀性差的问题，使其在芯片制造的先进制程中很少被用到，取而代之的是优势更明显的溅射沉积。蒸发沉积单纯靠加热的方式来获得气态物质，因此对腔体真空度要求较高，溅射沉积采用等离子体的方式产生气态组分，可以降低了PVD对高真空度的依赖。尽管在早期阶段，溅射沉积由于较低的真空度而在薄膜中引入了更多的污染，但后来通过引入超纯气体和降低初始真空度，已经能够很好地避免污染。溅射沉积可以弥补蒸发沉积的缺点，同时相对CVD具有更广泛的材料使用范围，因此在现今的半导体技术中经常被用到。

作为PVD技术的一类，溅射沉积同样是以物理作用为主的沉积过程。如图6.3所示以铝薄膜的溅射沉积为例，展示了等离子体中的氩离子加速穿过暗区，并从靶位上轰击出铝原子，最终到达衬底表面沉积的整个过程。从这个过程中可以看到，阴极辉光产生的氩离子是这个溅射过程的动力来源，因此升高设备功率可以增加氩离子能量，进而提高靶材的溅射产率。由于溅射

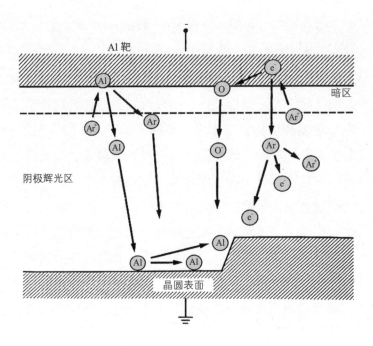

图 6.3　溅射沉积的主要过程

产率不会因靶材不同而发生太大的变化，因此相比于蒸发沉积受不同材料蒸气压的变化的影响，溅射沉积的工艺条件适用性更强。当铝原子沉积在衬底表面后，由于具有较高的能量，其在衬底表面仍然可以迁移至其他位点，或者通过解吸附、被其他原子再次轰击而在其他位置发生沉积。这一过程使得薄膜的台阶覆盖均匀性相对于蒸发沉积工艺有很大提升。同时，溅射沉积的靶材面积通常较大，溅射原子在衬底表面的抵达角度可以充分扩大，这也有利于提高覆盖均匀性。当然，由于等离子体较高的能量，环境中的杂质原子如氧，同样可能发生电离并沉积到薄膜上。这相当于在铝薄膜中掺杂了氧杂质，会降低薄膜纯度并影响薄膜的质量，因此溅射沉积中对气体纯度的要求非常高。溅射沉积这一特点加以利用可以实现化合物的沉积。比如，采用氧气等离子体轰击铝靶材，在衬底上会得到氧化铝薄膜。这可以理解为在溅射过程中同时发生了化学反应。

　　根据溅射方式、靶材类型等不同，溅射沉积技术可以进一步细分为很多类型。上述提到的现象被称为直流溅射，即在两个电极之间施加足够的直流电压来产生等离子体。但是由于靶材在溅射过程中被当作电极，因此绝缘材料的靶材便无法使用直流溅射的方式沉积。上面还提到了利用氧气等离子体沉积氧化铝薄膜，这类通过引入反应性气体与靶材原子结合形成化合物的技术，被称为反应溅射沉积。但是由于这种方式形成的化合物的化学计量比很难精确控制，在要求更高的情况下还是会直接采用相应的化合物靶材。要实现决绝缘材料的溅射沉积，可以采用高频率的交替电压来实现连续的等离子体放电的射频溅射沉积技术，避免了绝缘材料因电荷累积导致无法放电的现象，从而使靶材的导电性不受限制。同时，射频溅射沉积技术在功率损耗、离子化效率方面相比直流溅射沉积技术也更有优势。但是在直流溅射和射频溅射过程中，多数电子在与中性原子发生撞击的过程中损失能量，真正参与氩原子离子化过程的电子比例很低。因此为了提高离子化效率，磁控溅射沉积技术采用磁场来增强电子定向运动，可以很好地避免电子的无效碰撞。电离效率的提升可以带来沉积速率的提高，并且可以在更低氩气压强下产生足够的等离子体，从而更好地避免气体杂质对薄膜成分的污染。比如，磁控溅射沉积氮化钛时，固定通入腔体的氮气流量，同时增加溅射功率，这可以增加从钛靶上产生的钛离子数量，从而得到钛含量更高（富钛元素）的氮化钛薄膜。同理，固定溅射功率但提高氮气流量，则可以得到富氮元素的薄膜。另外，除薄膜的主要成分外的杂质成分也是影响质量的重要因素。在制备过程中被引入的其他成分如金属、水、氧气或卤素等都会被视为杂质，这些杂质通常会对薄膜的电学性能产生较大的影响，因此这些杂质的含量常常会被要求控制在相当低的程度。

 ## 原子层沉积（Atomic Layer Deposition, ALD）

随着集成电路特征尺寸的缩小以及非平面器件的诞生，芯片制造过程中需要精确控制纳米量级薄膜的沉积，同时还需要保持良好的共形性，正是在此背景下人们开发了 ALD 技术。实际上，ALD 技术是一种特殊的 CVD 技术，因为它也是利用气相化学反应来完成薄膜沉积。下面以原子层沉积 ZnS 薄膜为例来说明其反应过程，如图 6.4 所示。第一步，向反应腔体中以脉冲方式通入气态的 $ZnCl_2$ 分子，此时 $ZnCl_2$ 分子会在衬底表面发生化学吸附或物理吸附，直到衬底表面吸附至饱和；第二步，通入惰性气体，目的是吹扫腔体中

多余的气态 $ZnCl_2$ 分子, 直至清除干净, 此时只有衬底表面上吸附有 $ZnCl_2$ 分子; 第三步, 向反应腔体中以脉冲方式通入气态的 H_2S 分子, 此时部分 H_2S 分子会扩散到衬底表面, 并与衬底表面所吸附的 $ZnCl_2$ 发生化学反应, 直至反应饱和; 第四步, 通入惰性气体, 目的是吹扫腔体中多余的 H_2S 分子以及反应副产物 HCl 分子。至此, 完成一个 ALD 反应周期, 而且只在衬底表面形成一个 ZnS 单层, 即 Zn 原子和 S 原子是一层一层交替沉积生长的, 故称之为原子层沉积。此外, 由于通入反应物源的过程是使衬底表面吸附或反应至饱和, 因此它也是一个自限制的过程。换句话说, 一旦衬底表面吸附或反应达到饱和以后, 即使延长反应物源的通入时间也不会增加薄膜的沉积。总之, 只要我们依次重复上述 4 个步骤, 就可以不断地沉积出 ZnS 层, 而且我们可以通过控制反应周期来数字化调控薄膜的厚度, 可以将薄膜厚度精确控制到原子层级别。因此, ALD 技术与 CVD 技术最本质的区别在于前者是将气态反应物交替通入反应腔体中, 并且反应物之间不会以气态的形式共存于反应腔体中, 化学反应只局限在衬底表面, 然而后者是将气态反应物同时通入反应腔体中, 化学反应同时存在于气相中和衬底表面。

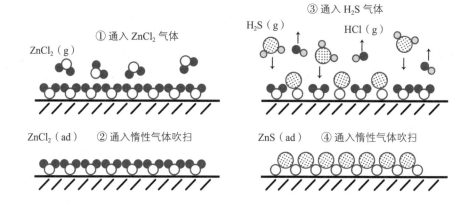

图 6.4 以 $ZnCl_2$ 和 H_2S 为反应源原子层沉积 ZnS 薄膜的工艺步骤

对于 ALD 工艺来说, 寻找理想的工艺条件非常重要, 因为它们直接影响到所生长的薄膜的质量。ALD 工艺参数包括衬底温度、气态反应物源的通入时间 (又称脉冲时间) 和惰性气体吹扫时间。由于 ALD 工艺是建立在衬底表面的化学反应, 因此衬底的温度非常重要, 它直接影响到化学反应速率。衬底温度偏低会导致薄膜沉积速率偏低。如果衬底温度低到使反应物在衬底表面发生凝聚，则会导致薄膜沉积速率增大的假象，因为此时所沉积的薄膜并不是我们所需要沉积的材料。如果衬底温度偏高，可能会使反应物发生热分解，从而导致薄膜的沉积速率大于理想的 ALD 速率。当然此时也有可能发生生长速率小于理想的 ALD 速率的情况，因为较高的衬底温度增加了衬底表面的化学基团发生脱附的概率。通常情况下，ALD 工艺都有一个温度窗口，在该温度窗口范围内薄膜的沉积速率稳定。我们只有通过工艺实验才能找到该温度窗口，并且不同的 ALD 反应会有不同的温度窗口。另外一个工艺参数就是反应物源的脉冲时间，对于一个 ALD 反应来说至少需要两种反应物源，因此需要分别对它们进行优化，以获得经济有效的脉冲时间。如果反应物源的脉冲时间偏短，就无法确保衬底表面吸附或反应达到饱和状态。如果反应物源脉冲时间过长，又会造成反应物浪费和反应周期时间延长。最后一个重要参数是惰性气体的吹扫时间。为了获得真正的 ALD 工艺，该吹扫时间必须确保将其前面所通入的反应物源从腔体气相中清除干净，这样就不会使它与下一步所通入的反应物源在气相中相遇而发生 CVD 过程。但是，吹扫时间也不能太长，否则会影响到沉积薄膜的效率，因此我们需要对吹扫时间进行优化，以获得最短的有效时间。

鉴于 ALD 工艺具有自限制生长薄膜的特点，因此利用该技术制备的薄膜具有如下优点：（1）大面积薄膜厚度与组成的均匀性；（2）在非平面的衬底表面上，沉积薄膜具有极好的台阶覆盖率和共形性；（3）薄膜的厚度能够精确地控制到原子层级。虽然 ALD 相对 CVD 和 PVD 有着更为出色的台阶覆盖率、均匀性和厚度精确控制力，但是其生长速率通常都会明显地低于 CVD 和 PVD，这导致 ALD 在沉积厚度较大的薄膜时效率很低。因此，ALD 技术在制备纳米量级厚度的薄膜时大有用武之地。

根据反应能量来源的不同，目前的 ALD 技术主要分为热原子层沉积（TALD）和等离子体增强原子层沉积（PEALD）两类。前者仅通过加热的方式来提供化学反应所需要的能量，后者是等离子体作为一种反应物源来参与反应，主要针对那些不活泼的反应物源，如氨气等离子体、氧气等离子体等。目前利用 ALD 技术来制备的薄膜材料有金属氧化物（如 HfO_2、ZnO 等）、金属氮化物（如 TiN、TaN 等）、金属（如 Pt、Ru 等），也可以制备非金属氧化物和氮化物（如 SiO_2、SiN 等）等，并且已经被用于先进集成电路制造工艺。

典型薄膜的沉积方法

前面介绍了三种主要的薄膜沉积技术，这一部分将针对介绍芯片制造中几种典型薄膜材料的常用沉积方法。

 硅的外延生长

外延硅薄膜是指在单晶材料表面沉积一层硅薄膜，并使其保持单晶衬底本身的晶型。若衬底未使用单晶材料，或沉积条件不合适，则只能得到多晶或者非晶硅。外延硅通常采用 APCVD 或 LPCVD 技术来制备，主要通过硅烷的分解反应或硅的氯化物与氢气的反应来实现。相比于通过硅烷分解来制备单晶硅，硅氯化物在反应过程中产生的氯可以去除薄膜表面的金属污染物，因此薄膜质量更高。

常规的硅外延生长通常需要较高的反应温度（1000~1250℃），其中四氯化硅相对硅烷的温度更高。这是因为单晶生长对环境要求十分严苛，氧化硅等杂质都会影响到单晶的生长，而足够高的温度可以使得所生长的氧化硅发生汽化，从而避免氧化硅杂质的引入。同时，薄膜表面的原子需要足够的时间才能到达合适的位置，过快的沉积速率会使得原子的迁移和重排不充分而形成多晶结构，而高温条件下可以增强沉积过程的表面原子迁移，这有利于促进单晶薄膜的形成。此外，洁净表面对于外延硅生长十分关键，因此除了衬底放入腔体之前的清洁，还需要氯化氢气体进行表面原位刻蚀来去除可能的杂质或氧化物。通过向腔体中通入掺杂物气体，可以在硅薄膜沉积的同时实现硅掺杂。常见的掺杂源气体有砷化氢、磷化氢和乙硼烷等。为避免沉积过程中出现的自掺杂、过掺杂等问题，还需根据掺杂物的不同改变沉积条件。另外，根据实际的应用需求，有时候需要实现选择性沉积，即仅在硅的表面外延生长，而在其他表面不生长。这时，在气氛中通入氯化物可以抑制氧化物表面的硅生长，从而达到增强选择性生长的目的。

近年来，降低外延硅生长温度的需求显著增加，使得低温沉积高质量外延硅薄膜成为一个主要发展方向。这是因为降低加热温度可以减少掺杂物的扩散，降低器件结构的损坏。而实现低温沉积的最关键问题在于解决氧化物和其他杂质对衬底表面的污染。采用高真空度的系统环境、超纯气体、严格的预清洁都有助于实现低温下的外延硅沉积。

多晶硅薄膜沉积

多晶硅薄膜是由取向各不相同的硅晶粒组合而成的。不同于外延硅薄膜，它可以在任何衬底上实现生长。多晶硅有较好的导电性、热稳定性并且易于制备，被广泛应用在场效应晶体管的栅电极、局部互连、电阻器等方面，已经成为了硅基微电子技术的支柱材料。多晶硅薄膜可以采用 PVD 沉积，但因为 CVD 生长的薄膜相对于 PVD 具有更好的台阶覆盖性，因此目前常用的技术还是 LPCVD。CVD 生长多晶硅薄膜的化学反应与外延硅薄膜相同，不同点在于多晶硅薄膜更倾向于使用硅烷分解反应来制备。这主要有两方面的原因：一是硅烷分解反应在非晶材料表面有更好的覆盖性，二是硅烷分解反应相比于氯化硅与氢气反应的适用温度更低。

在外延硅薄膜沉积中已经提到，降低温度可以减少掺杂物的扩散和降低热负载，这同样适用于多晶硅薄膜。多晶硅薄膜的沉积温度通常在575~650℃，大幅低于外延硅的沉积温度。但温度对多晶硅薄膜的生长仍然十分重要，当低于575℃时，多晶硅的沉积速率便会过低。多晶硅薄膜的晶粒结构是一个重要的质量指标，因为这影响到薄膜的导电性和内部应力等性能。晶粒结构会明显受到温度的影响，在沉积温度更低的条件下容易形成非晶薄膜，升高温度退火又可以使其转变为多晶结构，并且晶粒大小也随着温度的升高而增大。除温度以外，硅烷气体的分压、掺杂气体等同样也会影响到薄膜沉积的速率和晶体结构。比如，在磷或砷的高掺杂浓度下，多晶硅的晶粒尺寸会显著增大，且效果比升高温度更明显。

多晶硅掺杂是决定其性能的一个重要步骤，在沉积过程中加入掺杂气体便可以同时完成薄膜的生长和掺杂。但是，将砷化氢或磷化氢加入到沉积气氛中来制备 N 型掺杂薄膜时，多晶硅的沉积速率会明显下降，这可能是因为它们与硅在沉积位点的选择上产生了竞争关系。这种情况不利于薄膜厚度的控制，因此制备 N 型掺杂的多晶硅薄膜，通常都是先沉积薄膜再离子注入来实现。与之相反，乙硼烷的加入可以小幅度地提高沉积速率，因此可以在多晶硅沉积过程的同时进行P型掺杂。另一个掺杂过程的问题在于掺杂杂质的分布，磷或砷通常倾向于分布在晶粒的界面处，而仅仅只有晶粒内部的杂质可以起到真正的掺杂作用。因此，多晶硅掺杂相对单晶硅需要更高的掺杂浓度，才能获得同样的掺杂效果。

二氧化硅薄膜沉积

二氧化硅在整个硅基芯片结构中具有重要的作用，高质量的二氧化硅薄膜需要兼具密度、纯度、热稳定性、台阶覆盖性和填充性等多个方面的优良性能。由于PVD技术的薄膜覆盖性较差且容易形成颗粒物，大部分二氧化硅薄膜都是采用CVD技术，比如APCVD、PECVD、LPCVD等，利用硅烷与氧气的反应或是四乙氧基硅烷（TEOS）的分解反应来沉积的。TEOS的分解需要更高的反应温度，并且容易在薄膜中产生较高的碳含量，但是TEOS沉积薄膜的良好保形性使得其仍然被普遍使用。

在实际应用中考虑到材料的工艺兼容性，通常需要在低温（低于500℃）条件下沉积二氧化硅薄膜。然而，如果采用LPCVD或APCVD技术在低温沉积，制备的薄膜会存在多孔结构、非计量比或台阶覆盖不均匀的问题，因此还需要通过后退火来改善这些性能。但是某些情况无法采用高温退火，此时需要采用臭氧或等离子体增强的方式来解决问题。不过，虽然这种方式下致密性和覆盖性会得到优化，但是薄膜中较多的氢气或氮气成分使得薄膜多孔结构仍然很难避免。除此之外，偏压溅射沉积也可以在低温下提高二氧化硅薄膜的填充性和平坦化，但是沉积速率低、颗粒化严重等问题也难以解决，因此这一技术目前并不常用。

铝薄膜沉积

金属铝是集成电路中最主要的互连材料之一，它通常以铝铜合金，而不是纯铝的形式被使用。CVD技术目前比较少用于沉积金属铝，其中主要原因是因为通过化学反应制备铝铜合金存在诸多问题，比如副反应难以控制、碳污染和沉积速率低等。而溅射沉积不存在上述的问题，直流磁控溅射沉积一直都被用来制备金属铝薄膜，而且其具有高效的沉积速率（可达 1 μm/min）。在 PVD 沉积铝的工艺中，杂质的问题是主要需要考虑的问题。如果沉积气氛中氧气、氮气、氢气和水等杂质进入金属薄膜中，铝薄膜则会出现电阻率高、晶粒尺寸小和内部应力大等问题，因此需要精确地控制沉积条件来尽量避免杂质在薄膜中的吸附。比如，在通入氩气之前将气压降到足够低，又比如，采用高纯氩气、加热衬底等方式，提高衬底温度的同时还能增加表面原子的迁移，从而提高薄膜的台阶覆盖性。

由于 CVD 技术相比于 PVD 技术在台阶覆盖性方面的天然优势，出于提高薄膜覆盖性的考虑，采用 CVD 沉积铝薄膜的研究在近些年取得了不少进展。针对铜铝合金难以制备的问题，可以通过选用合适的材料，同时通入铝和铜的有机金属前驱体来实现铝铜合金的沉积。或者先用 CVD 沉积铝薄膜，再通过掺杂的方式形成铝铜合金。当然，从应用的角度出发，CVD 沉积铝薄膜的工艺条件仍有待进一步优化。

 氧化铝薄膜原子层沉积

当芯片制造的特征尺寸降低到一定程度，需要用介电常数更高的材料来代替氧化硅或氮化硅作为晶体管的栅介质，这是因为在同样厚度下高介电常数（k）材料可以提供更大的栅极电容，从而提高晶体管性能。氧化铝具有较高的介电常数以及较大的带隙，其作为栅介质已经在互补型金属氧化物半导体（CMOS）工艺中广泛应用。尽管氧化铝薄膜也可以通过 PVD 等方法生长，但目前的先进制程中使用氧化铝薄膜大多都是通过 ALD 技术沉积的，这主要是因为 ALD 沉积的氧化铝薄膜在纳米级厚度下仍具备优异的均匀性、保形性和电学性能。

ALD 沉积氧化铝薄膜的铝源通常采用三甲基铝，而氧化剂则可采用水、臭氧或氧气等离子体。不同氧化剂在沉积速率上有所不同，这会对薄膜的质量产生影响，最终导致薄膜的介电常数、界面陷阱密度等也存在差异。另外，ALD 沉积氧化铝工艺温度范围大，在室温到 350℃下都可以实现，生长的薄膜通常都能保持良好的均匀性和保形性，这样相对较低的沉积温度使 ALD 工艺与其他材料或工艺之间的兼容性好。不过在目前的实际应用中，氧化铝薄膜大多在200~300℃之间的温度沉积，这样才能获得更好的绝缘特性。然而相比于氧化铪等高k材料，氧化铝在介电特性方面的表现相对逊色，因此更多的研究开始关注通过氧化铝和高k材料堆叠式沉积来提高性能。

第七章 "坦平芯片的原野"

——化学机械抛光

什么是平坦化技术

化学机械抛光（Chemical Mechanical Polishing，CMP），又称化学机械平坦化（Chemical Mechanical Planarization），是集成电路制造中的关键工艺技术之一。相比于集成电路领域中的其他工艺，如刻蚀、光刻、薄膜沉积等，CMP 是一个比较新的工艺。抛光最早应用于光学零部件加工领域，至今已有几个世纪的历史。20 世纪 50 年代，抛光工艺被用于制备无损伤表面的硅片。20 世纪 80 年代初期，CMP 取代等离子刻蚀被用于介质层的平坦化，之后逐渐发展成为集成电路必不可缺的工艺步骤。

CMP 将纳米粒子的机械研磨作用与研磨液的化学腐蚀作用有机结合起来，既避免了单纯机械抛光的多损伤、低精确度的缺点，又避免了单纯化学抛光的低研磨速率、低片内均匀性的缺点，是目前唯一能够实现全局平坦化的工艺。集成电路进入 0.13 μm 技术节点后多层铜（Cu）金属互连线技术的引入越发凸显了 CMP 技术的重要性。图 7.1（a）显示了未经过平坦化的两层金属互连线示意图，可以看出整个晶圆上面高低起伏不平，无法进行更多层金属互连的加工。图 7.1（b）是经过多步平坦化工艺加工而成的五层金属布线的剖面图，可以观察到每层金属线均光滑平整，处于同一个水平面。

随着芯片中器件特征尺寸的减小和互连线层数的增加，制造过程中对光

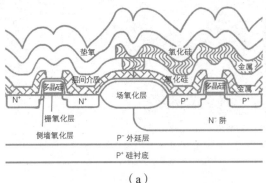

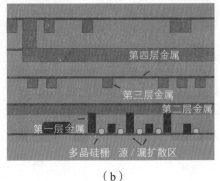

（a）

（b）

图 7.1　平坦化工艺之前和之后的互连效果的比较

（a）未平坦化两层互连线示意图；（b）利用 CMP 技术五层互连线剖面图。

刻的精度要求会越来越高。为了提升光刻的精度，需要采用更短波长的光，而这又会导致光刻曝光的聚焦深度也随之变小。因此，为了满足芯片制造对光刻聚焦深度的严苛要求，待光刻的表面需要尽量的平坦，如芯片的特征尺寸为 0.25 μm 时，其表面粗糙度要小于 200 nm。目前只有 CMP 可以使得晶圆表面粗糙度达到上述精度要求。此外，集成电路特征尺寸的持续缩小伴随着互连结构的改变和复杂度的提升。为了降低互连中的电阻（R）和电容（C）引起的时间延迟，低电阻率的铜（Cu）互连就逐渐取代了铝（Al）互连，同时采用低介电常数材料 SiOC 代替传统的 SiO_2。但是，Cu 无法像 Al 一样通过刻蚀的方法实现图形化，因此目前集成电路制造过程中均采用 Cu 大马士革（Damascene）工艺，即在刻蚀好的沟槽中沉积阻挡层和 Cu，然后通过 CMP 去除沟槽外多余的 Cu，实现 Cu 互连结构的形成。由此可见，CMP 是实现多层 Cu 互连结构必不可少的工艺步骤。

　　除此之外，CMP 还具有众多优点，包括：可以实现局部和全局平坦化、能实现多种不同种类的材料和表面的平坦化、同时实现多种材料的平坦化、通过研磨表层材料实现表面缺陷的修复去除、改善金属台阶覆盖及其相关可靠性等。

化学机械抛光原理

　　CMP 是一个化学腐蚀与机械研磨协同作用，实现晶圆表面材料去除与平坦化的工艺过程。如图 7.2 所示，在旋转式 CMP 机台上进行的一个平坦化工艺过程如下：首先，抛光垫被去离子水喷淋而充分润湿；随后，研磨液被输送到抛光垫上，随着抛光垫的不断转动和研磨液的流动，研磨液被均匀地分散在抛光垫表面；接着，研磨头抓取待抛光的晶圆，旋转并将其压至抛光垫，使晶圆表面与研磨液和抛光垫紧密接触；这时，晶圆表层材料与研磨液中的化学成分发生化学腐蚀作用形成化学反应层；接下来，研磨颗粒与研磨垫的机械作用使该反应层被去除，使得工作表面重新裸露；于是再次进行化学反应，在这样的化学作用和机械作用交替进行中实现晶圆表面的平坦化。为了实现最优化的平坦化效果，CMP 工艺过程中的化学腐蚀和机械去除需要达到一个动态平衡。如果化学腐蚀作用大于机械去除，晶圆表面会产生大量的化学腐蚀坑缺陷，反之，晶圆表面会产生机械损伤缺陷以及抛光速率降低的现象。影响 CMP 效果的因素有很多，如 CMP 机台状态、研磨液的组成与流速、抛光垫的材质与转速、工艺条件等。因此，理解 CMP 工艺原理对优化抛光工艺，实现更好的抛光效果具有非常重要的作用。

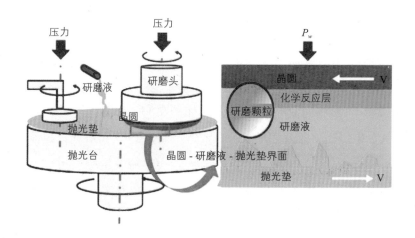

图 7.2　CMP 工艺概要图

CMP 研磨液中的化学成分与晶圆表面材料相互作用对表面材料的去除具有重要的意义。这种相互作用一般比较复杂，受到包括表面材料性质、氧化剂、pH 值、温度等因素的影响。对于材质较软或者活性高的材料，研磨颗粒与晶圆表面材料在溶液中其他成分的参与下发生化学反应，如氧化铈（CeO_2）研磨颗粒与氧化硅（SiO_2）发生反应，生成 Si—O—Ce 化学键等。对于材质较硬且化学稳定性好的材料，其化学作用原理为增强材料的化学反应活性，如提高反应温度、改变 pH 值、加入氧化剂或者催化剂等，改善待抛光材料的可加工性，从而提升材料的研磨效率。

CMP 工艺过程中的另一重要作用是机械作用。晶圆与抛光垫在 CMP 过程中一直处于相对运动状态，从而在晶圆—研磨液—抛光垫界面处产生摩擦力，这种摩擦力会随着抛光压力、相对转动速度、研磨液的性质的变化而变化。当 CMP 过程中抛光压力增大或者转速降低时，晶圆表面与抛光垫之间的研磨液膜厚会减少，晶圆表面与研磨颗粒之间的相互作用力增大。相反，在低压或者高速条件下，研磨液膜厚增大，晶圆表面与研磨颗粒之间的作用力减弱。抛光垫表面的微凸起也会对晶圆表面材料具有磨削的作用，抛光垫表面微凸起数量越多，相同运动距离下被去掉的材料量也就越多。

CMP 工艺过程中材料的研磨速率（Removal Rate，RR）可以通过 Preston 公式来简单表示：

$$RR = k_p p \Delta v$$

式中 k_p 为 Preston 常数（CMP 设备性能参数），p 为抛光压力，Δv 为抛光垫与晶圆的相对运动速度。因此，晶圆表面材料的研磨速率与抛光压力、抛光垫与晶圆的相对运动速度成正比。当然，仅仅依靠压力和速度这两个机械参量获得 CMP 工艺过程中精确的研磨速率也是不现实的，毕竟 CMP 是一个受到众多条件影响的复杂工艺过程。如图 7.3 所示，当晶圆表面与抛光垫接触时，A、B、C 三个位置所受到的压力不同，其中 A 最大，B 最小，因而开始研磨时，三个位置的研磨速率为 A>C>B。随着研磨的进行，A 处的压力逐渐减小，研磨速率也逐渐减小，B 处的压力逐渐增大，研磨速率也逐渐增大。值得一提的是，在 CMP 过程中不同位点所受机械力的大小与多种因素有关，包括位点所处的平台宽度、高度以及位点处于平台中的具体位置等。比如，位于 A 平台两端的尖角处所受的力也有差别，迎着抛光的方向所受压力大，研磨速率也大。当三者的高度差为 0 时，三个位置的研磨速率也趋于一致，从而实现晶圆表面的全局平坦化。

随着 CMP 机台和耗材使用寿命的增加，CMP 的研磨速率、研磨均匀性等性能参数都会不可避免地发生变化。因此，代工厂需要对 CMP 机台定期做监控，以查看机台和耗材是否能够稳定高质量地进行 CMP 工艺。

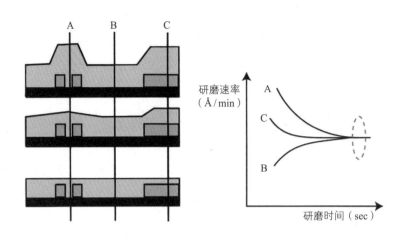

图 7.3　平坦化原理

CMP 工艺过程中极易产生多种类型的缺陷，包括刮伤、杂质残留和腐蚀等。缺陷的存在是芯片良率降低最主要的因素，其会造成芯片内部短路或断路的现象发生，对芯片的性能和可靠性造成很大影响。

1.刮伤：刮伤是造成芯片良率和可靠性降低最主要的缺陷。刮伤一般是由于 CMP 工艺过程中机械磨削作用引起的，任何与晶圆表面接触的材料或者界面都可能引起刮伤的产生，如发生凝聚的抛光液、未润湿的研磨垫—晶圆界面等。为了减少 CMP 工艺造成的刮伤缺陷，可以通过微量抛光、增加研磨液过滤系统等手段实现。当抛光垫修整器上的人造钻石发生脱落时，CMP 工艺造成的刮伤缺陷会异常严重，即刮伤深、尺寸长、肉眼可见。为了避免此缺陷的产生，需要选择耐腐蚀和抗剪切力的抛光垫修整器。

2.杂质残留：杂质残留包括外来颗粒残留和抛光残留，它是 CMP 工艺过程中很常见的一种缺陷。CMP 工艺中的耗材是造成该种缺陷的主要来源之一，如研磨液中的研磨颗粒、研磨液中的有机添加剂、CMP 后清洗液中的添加剂、抛光垫碎片等。此外，待抛光材料是该种缺陷的另一主要来源。杂质残留缺陷可以通过后清洗工艺去除，而长期措施是保证机台和各种耗材处在良好的工作状态。

3.腐蚀：腐蚀缺陷主要发生在金属材料的 CMP 工艺中，其产生的原因是金属材料与研磨液或清洗液之间的相互作用。由于不完全填充，金属插塞或互连线内部在 CMP 工艺之前就存在空洞或者空心。研磨液或清洗液长时间接触这些空洞或者空心，使得金属材料流失，进而造成腐蚀缺陷的产生。优化沉积工艺、选择合适的研磨液和清洗液、添加腐蚀抑制剂、减少化学品与金属接触时间等都可以有效减少腐蚀缺陷。

化学机械抛光设备和耗材

CMP 工艺是一个运动着的晶圆表面在压力作用下与抛光垫和研磨液相互作用，实现材料去除和表面平坦化的过程。其中起关键作用的是 CMP 机台与耗材，耗材主要包括抛光垫和研磨液。

 ## CMP 机台

CMP 机台是实现 CMP 工艺的基础，其按照研磨头和抛光台的运动情况可以分成三类：旋转式、轨道式和皮带平移式。不管何种类型 CMP 机台，其都是由一系列的子系统组合而成，包括机械人系统、机械驱动系统、压力控制系统、温度控制系统、抛光垫修整系统、研磨液供给与循环系统、晶圆清洗系统，以及终点检测系统。

机械人系统负责抓取和运送晶圆，其中最重要的组成部分是研磨头。研磨头由定位环、背膜、固定装置以及连杆组成。研磨头在 CMP 过程中起着抓取晶圆以及向晶圆传递并分配压力等作用，其工作状态直接关系到平坦化效果，特别是晶圆的片内均匀性。

机械驱动系统用于控制研磨头与抛光台的运动状态，其可以实现在满负荷运转的条件下，使二者的运动速度偏差低于百分之一。任何的运动速度变动或者设置参数的偏移都会对 CMP 研磨速率产生很大的影响，进而影响到晶圆的平坦化效果。三种类型 CMP 机台中的研磨头和抛光台的运动状态都是不同的，因此控制二者的机械驱动系统是独立分开的。

压力控制系统用于调控 CMP 过程中晶圆不同位置的受力情况。晶圆在转动时，其从中心到四周的运动线速度是越来越快的。晶圆的尺寸越大，中心到四周的线速度差别就越大，反映在 CMP 工艺上就是晶圆圆心到边缘处的研磨速率有很大差别。为了弥补这种因晶圆不同位置运动速度不同造成的研磨速率不同，进而导致的片内均匀性的差异，压力控制系统会对晶圆的不同区域施加不同压力。此外，压力的施加也可以有效提升 CMP 的研磨速率，可以有效减少工艺时间，提高制造效率。

温度控制系统用于调控 CMP 过程中的温度。在机械摩擦力和化学磨蚀协同作用下，晶圆表面会在 CMP 过程中产生大量的热量，导致系统温度异常升高。研磨液中的化学成分的反应活性与温度密切相关，温度的升高会直接导致研磨速率的失控。因此，需要对 CMP 过程中的温度进行严格调控。抛光台与热交换器之间以及研磨头内部的循环冷却系统可以用来保证温度恒定。此外，研磨液的温度也需要严格控制。通过以上方式，可以使得 CMP 工艺过程温度与设定值偏差小于 1℃。

抛光垫修整系统用于控制抛光垫修整器，实现抛光垫的状态保持与寿命延长。抛光垫修整器不仅可以将釉化的抛光垫恢复粗糙，保持研磨速率不变，还可以改善抛光垫容纳研磨液的能力，并带走废液和副产物。抛光垫修整器由一个不锈钢盘和 CVD 金刚石层组成，所以也可称为钻石盘。钻石的形状、磨损性以及 CMP 过程中产生的颗粒大小对研磨垫修整器的使用效果都会产生很大的影响。

研磨液供给与循环系统用于控制研磨液和去离子水的输送，其可以按照程序定时、定位、定量、均匀地向抛光台输送研磨液和喷淋去离子水。如果研磨液的流速过快，大量的研磨液或者去离子水就会被浪费，导致生产成本升高；如果流速过慢，研磨速度就会因为研磨液的不足而降低，副产物液不能被完全去除，导致研磨速率下降，表面损伤增多。

晶圆清洗系统用于去除 CMP 工艺后晶圆表面可能存在的有机物、金属颗粒或者其他颗粒物，保证晶圆表面的污染物减少到可以接受的地步。在集成电路制造的所有工艺中，CMP 是一个相对比较"脏"的工艺。在这一工艺过程中，大量的化学物和颗粒会被用到和产生，若不经过清洗直接进入到下一个工艺步骤，不但会降低平坦化效果，影响芯片制造的良率，还会污染其他机台，带来比较严重的后果。

终点检测系统用于检测 CMP 工艺把表面材料研磨到一个正确的厚度，其对 CMP 工艺非常重要，可以避免过度抛光或者平坦化不足的现象出现。目前，终点检测技术主要分为间接法和直接法两种，前者依据晶圆表面不同材料与抛光垫的摩擦不同而导致驱动电机的电流不同，通过监测电流变化来检测终点，后者通过原位干涉仪或者红外线传感器直接检测薄膜厚度来监测终点。

自从 CMP 工艺被用于集成电路制造领域，CMP 机台技术已经有了非常大的发展。CMP 已经从依靠经验的"黑科技"发展成为稳定可靠的技术，其广泛应用于集成电路制造领域的前道和后道工序。随着半导体器件复杂化、小尺寸化、多层化的发展方向，CMP 机台也被提出了更高的要求，如高集成、干进干出、高自动化、高效率等。

 抛光垫

抛光垫是 CMP 工艺过程中的关键耗材之一，其主要作用包括以下几个方面：其一，存储和输送研磨液，维持平坦化所需要环境，从而保证 CMP 的工艺均匀性；其二，排出平坦化过程中产生的副产物和碎颗粒等，从而减少晶圆表面损伤；其三，提供研磨材料所需的机械荷载，为 CMP 机械摩擦创造条件等。CMP 工艺是一个严苛复杂的过程，因此抛光垫需要满足力学、化学等许多要求。第一，抛光垫应具备耐高强度的机械撕裂能力以及合适硬度。第二，抛光垫与具有腐蚀性的研磨液作用时，能够较长时间不发生降解、起鳞、发泡、变形等现象。第三，抛光垫应具有完全亲水性，从而保证研磨液能够充分润湿抛光垫表面以及在抛光垫和晶圆表面之间形成一层液体膜。第四，抛光垫的性质和形态可以针对具体的 CMP 工艺要求而调整，以使其具有特定的、可预测的抛光性能。在实际芯片制造中，同系列的抛光垫是优先选择，可以保证通过微调满足具体的抛光工艺、CMP 机台和研磨液的要求。综合上述要求，聚氨酯材料不仅具有优异的机械韧性和化学稳定性，而且其性能容易精确调控，因此是制备抛光垫的常用材料。

抛光垫的平坦化效果与其硬度、结构和表面形态密切相关，因此科学选择抛光垫对优化平坦化工艺和改善平坦化效果至关重要。为了得到优异的平坦化效果，在很多 CMP 工艺中会组合使用硬度不同的两种抛光垫：硬垫可获得较高的研磨速率与较好的平面度，但是其可能会对晶圆表面造成严重的损伤；软垫对整个晶圆表面具有均匀的材料去除效果，但是其接触表面容易变

形，对凸起的材料选择性去除效果有限，并且研磨速率较低。抛光垫的结构也会影响 CMP 工艺效果。抛光垫的结构主要分为内部结构和表面结构两种，其中内部结构指的是抛光垫内的微孔结构以及纤维之间的狭窄间隙，表面结构指的是抛光垫的表面形貌。抛光垫的内部微孔结构能够有效提升工艺过程中研磨液和废液的输送效率，缩短平坦化工艺的磨合时间。抛光垫的表面结构对晶圆和抛光垫接触面的液体膜厚度、驻留时间、摩擦力等都有很大影响。依据表面结构的不同，抛光垫可以分为光滑型、微孔型和沟槽型等，而沟槽型抛光垫根据沟槽形状又可以分为放射状、同心圆状、网格状和螺旋状等。沟槽型抛光垫不仅有利于研磨液的均匀分布，提高接触面处的剪切力，从而有效提升 CMP 的研磨速率，改善晶圆的片内均匀性，同时有利于抛光后废液和残渣的排出，减少了晶圆表面磨损缺陷的产生。

抛光垫是 CMP 过程中需要定时更换的耗材，其表面微结构在长时间研磨后会变得平滑，发生"釉化"现象，导致存储与运输抛光液的作用，研磨速率下降，同时废液和残渣也会无法及时有效地排出，并会增大晶圆表面刮伤的风险，损坏芯片。抛光垫修整器只能延长抛光垫的使用寿命，仍然无法避免抛光垫研磨效果随着使用时间而逐渐下降的现实。

研磨液

研磨液是 CMP 工艺过程中另一种重要耗材。研磨液是一种包含有悬浮的具有特定形状和尺寸（10~300 nm）的超细研磨颗粒（也叫磨料）的溶液体系。根据待抛光材料的不同，有选择性地将表面活性剂、氧化剂、络合剂、pH 调节剂、稳定剂等加入研磨液。

研磨液中的研磨颗粒在 CMP 工艺过程中起着机械去除的作用，磨掉被化学腐蚀的表面材料，暴露出下层材料。研磨颗粒的硬度、粒径、浓度、形状、表面电荷等性质都会影响 CMP 的研磨速率和抛光质量。研磨颗粒的粒径对不同的研磨材料可能产生完全相反的作用，如钨（W）CMP 中研磨颗粒越大，研磨的速率越小；而阻挡层 CMP 中研磨颗粒越大，研磨速率越大。不过，有一点是肯定的，越大的研磨颗粒造成的刮伤缺陷也就越大，风险也越高。研磨颗粒的浓度对研磨速率也有非常大的影响。在较低浓度时，由于化学腐蚀作用起主导作用，研磨速率随着研磨颗粒浓度的增大而快速增大；当浓度较高时，机械研磨的作用更加明显，研磨速率随研磨颗粒浓度的增大而变化不大。研磨颗粒一般应具有分散性好、流动性强、硬度合适、易于清洗的特点。目前，被用作研磨颗粒的材料包括 SiO_2、CeO_2 和 Al_2O_3 等。

研磨液中的多种化学成分在 CMP 过程中起着化学腐蚀的作用，包括氧化剂、抑制剂、催化剂以及 pH 调节剂等。氧化剂通常存在于金属 CMP 研磨液中，用于氧化硬度高、活性差的金属，进而被机械研磨去除。氧化剂应该具有氧化能力强、稳定、不含金属离子、绿色环保等特点。得益于其低廉的成本和优异的氧化能力，双氧水是被广泛使用的研磨液氧化剂。抑制剂的作用是防止金属在 CMP 过程中因过快的研磨速度而导致差的表面质量、腐蚀坑等的出现。钝化剂的作用是为了在 CMP 过程中实现在众多材料中选择性地去除某种材料。此外，为了保证研磨颗粒分散的稳定性，研磨液中的分散剂需要提供静电和空间位阻平衡，阻止研磨颗粒的聚集。研磨液在 CMP 过程中还起着润滑、输送废液以及控制温度的作用。

CMP 工艺对研磨液要求非常高，包括高的研磨速率、好的平坦化效果、局部薄膜均匀和高选择性等。此外，清洗去除难易程度、对 CMP 机台的腐蚀性、储存稳定性和废液处理成本等也是评价研磨液性能的重要指标。在集成电路制造领域，不同批次工艺效果一致性是评价研磨液质量最重要的指标之一。由于受到自身性质、机台、其他耗材等的影响，不同批次的研磨液的研磨效果总会有一些差异。当然，供应商与代工厂都期待研磨液不受到批次的影响，具有完全相同的研磨效果，这样可以减少 CMP 工艺后的晶圆检测量，有效降低芯片制造成本。研磨液的保质期也是一个重要的评价指标，其决定了研磨液在生产后能够存储的时间。为了保持研磨特性不发生变化，有些研磨液在运输和存储时需要严格控温。对于保质期短、温度窗口窄的研磨液，存储管理就越发重要。研磨液的保质期一般要求在一年以上。

化学机械抛光工艺

集成电路制造一般可以分为前道（FEOL）和后道（BEOL）两个工序。FEOL 工艺主要是在 Si 衬底上实现 N 型和 P 型场效应晶体管的制备，包括浅

槽隔离（STI）、阱、器件等的形成，BEOL 工艺是为了建立多层的金属互连线。CMP 技术最早引入是为了实现介质的平坦化。此后，CMP 技术在集成电路制造领域发挥了越来越重要的作用，需要用到 CMP 工艺的步骤也越来越多（20~30 步）。根据待抛光的材料不同，集成电路制造领域中的 CMP 可以分为介质 CMP 和金属 CMP。

介质的化学机械抛光

介质材料是一种绝缘材料，包括二氧化硅（SiO_2）、氮化硅（Si_3N_4）、掺碳的氧化硅（SiOC）等，在集成电路制造领域被广泛使用。介质起电学绝缘作用，如在集成电路前道工序中，常采用 SiO_2 把相邻的晶体管隔离开来，即浅槽隔离氧化硅器件；在集成电路后道工序中，采用低介电常数材料 SiOC 把金属互连导线隔离开。介质的 CMP 目的就是平坦化这些介质材料，也是集成电路领域最早的 CMP 材料。

1. 二氧化硅的化学机械抛光：SiO_2 是最常用的介质材料，当前集成电路中 SiO_2 平坦化步骤包括浅槽隔离和层间介质 SiO_2 薄膜的 CMP。其传统研磨液是由悬浮在碱性溶液（KOH 或 NH_4OH）中的胶体 SiO_2 组成。其中胶体 SiO_2 是通过硅酸钠或其他硅酸盐水解而成，然后通过离子交换降低钠离子含量以用于集成电路领域。胶体 SiO_2 的微结构是球形颗粒，并且尺寸分布均匀，在 CMP 过程中引起微划痕的概率小。在 SiO_2 的 CMP 研磨液中固体的质量含量占 5%~35%，pH 值在 9~11 之间。只有将研磨液的 pH 值控制在此范围内，才能把胶体 SiO_2 颗粒的凝聚降到最低程度。SiO_2 的研磨速率随着研磨液中 pH 值、颗粒浓度以及颗粒尺寸的增大而增加。水在 SiO_2 的 CMP 过程中起到十分重要的作用，其会向表层 SiO_2 中扩散，使得硅氧键断裂并形成水合层，如下化学方程式所示：

$$\equiv Si - O - Si + H_2O \longleftrightarrow \equiv Si - OH$$

水合层靠近 SiO_2 一侧，只有少量的硅氧键断裂；靠近表层的一侧，更多的硅氧键断裂形成氧氢键。当水合层中一个 Si 原子的 4 个硅氧键都发生断裂就会形成在碱性溶液中具有高溶解度的 $Si(OH)_4$，如下化学方程式所示：

$$(SiO_2)_x + 2H_2O \longleftrightarrow (SiO_2)_{x-1} + Si(OH)_4$$

水进入 SiO_2 的晶格很难，所以在 SiO_2 的 CMP 过程中只形成少量的 $Si(OH)_4$。但是水合作用会使得表层 SiO_2 的硬度和机械强度明显降低，进而容易被研磨颗粒机械去除。

此外，一种基于 CeO_2 研磨颗粒的研磨液也被应用于 SiO_2 的 CMP。它具有自停止、无碟形凹陷的工艺优点，在更低的 pH 值范围内（pH＝6~7）表现出更高的研磨速率。尤其是在化学机械研磨 SiO_2 和 Si_3N_4 时表现出非常高的选择比，研磨速率比可高达 250∶1。因此，CeO_2 研磨液多用于浅槽隔离 SiO_2 介质的 CMP，其中 Si_3N_4 为研磨停止层。

2. 低介电常数（k）介质的化学机械研磨：在集成电路领域，低介电常数介质主要作为 Cu 互连线之间的绝缘隔离材料，同时也是上层互连结构的物理支撑材料。为了降低 SiO_2 的介电常数值，可以将 SiO_2 中一部分的 O 用 F 或 –CH$_3$ 取代，从而形成介电常数在 3.0 左右的 SiOF、SiOC 介质材料。如果在 SiOC 薄膜中引入纳米孔隙，还可以获得介电常数低至 2.6 的多孔 SiOC 薄膜材料。低介电常数介质材料的平坦化是集成电路后道互连不可缺少的工艺步骤，否则在其上制作 Cu 互连线过程中会引起光刻和刻蚀精度下降，甚至导致互连线断裂的工艺缺陷。由于多孔 SiOC 材料的机械强度较低，因此在 CMP 过程中其极易受到机械作用的损伤，并且研磨液中的水分子和化学分子（如表面活性剂等）可能会进入其孔内导致其介电常数值增大，泄漏电流增大和可靠性降低。表面活性剂与低介电常数介质材料相互作用力较强，即使通过后清洗液也很难完全去除。低介电常数介质材料的研磨速率与抛光垫的使用时间是有密切关联的，会直接导致 Cu 互连线的电阻随抛光垫的使用时间不同而不同。因此，如何抑制 CMP 过程和研磨液对低介电常数介质材料的不良影响仍是一个重要的挑战。

 金属的化学机械抛光

金属作为导体，在芯片内不同元器件之间起着传输电荷的作用。不同于介质 CMP，金属材料因其自身惰性而很难靠研磨颗粒去除。金属 CMP 研磨液中通常需要添加合适的氧化剂。如图 7.4 所示，研磨液中氧化剂首先与表面金属发生反应生成金属氧化物钝化层。该金属氧化物钝化层比金属层要软得多，容易被研磨液中研磨颗粒机械去除，同时也可以保护钝化层下面的金属被进一步氧化。在 CMP 过程中，凸处钝化层被研磨去除的速率远大于凹处钝化层，从而使得凸处的金属层首先被暴露出来，接着被暴露的金属又再次被氧化。实际上金属 CMP 的过程就是重复上述步骤，最终实现金属材料的平坦化。在集成电路中，需要 CMP 的金属主要包括铝（Al）、钨（W）和铜（Cu），下面就分别介绍一下。

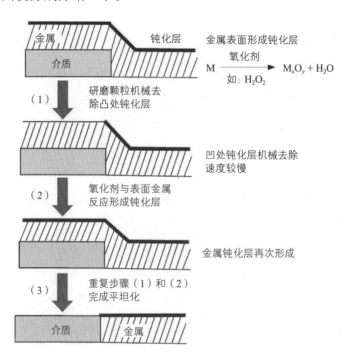

图 7.4　金属 CMP 的微观过程

1. 铝（Al）的 CMP：随着芯片内器件尺寸的不断减小，源极和漏极的距离越来越小，这导致漏电流的问题会变得更加严重。为了解决这一问题，高介电常数栅介质与金属栅极（HKMG）技术在 45 nm 技术节点以下成为主流，其中 Al 是常用的栅极材料。

HKMG 的制造过程中涉及到将虚拟多晶硅栅极材料用 Al 代替，Al 的 CMP 的目的是为了去除多余的 Al 并确定金属栅的高度。在先进的技术节点芯片内，Al 电极的尺寸只有几个纳米。为了控制厚度和均匀性，在 Al 的

119

CMP 过程中需要严格控制芯片内、晶圆内、晶圆间的均匀性。Al 的硬度较低且容易被刮伤，因此用于 Al 的 CMP 的是胶体 SiO_2 碱性研磨液，在其中会添加非离子表面活性剂、黏合剂以及氧化剂等。Al 很容易被氧化剂氧化成较硬的 Al_2O_3 而紧密附着在 Al 表面，随着氧化剂浓度的增高，氧化层厚度也会增加，减少了研磨颗粒对下层 Al 的划痕损伤。Al_2O_3 在碱性条件下会发生化学反应生成可溶性的偏铝酸盐，从而提高 Al 的研磨速率。

$$Al + 3H_2O_2 \longrightarrow Al_2O_3 \cdot 3H_2O + 2Al(OH)_3$$
$$Al(OH)_3 + OH^- \longleftrightarrow AlO_2^- + 2H_2O$$

2. 钨（W）的 CMP：金属 W 具有高熔点、高热稳定性、与 Si 相当的热膨胀系数、极强的台阶覆盖能力等优点，因此具有高可靠性的 W 插塞（Plug）被集成电路制造领域广泛采用。

在采用金属 W 填充通孔前一般需要先沉积阻挡层和黏附层，从而保证无空隙通孔的填充。因此 W 的 CMP 包括两个过程：首先是去除通孔外多余的 W，然后研磨去掉阻挡层和黏附层材料。研磨液对 W 的全局平坦化起到至关重要的作用。W 的 CMP 研磨液的研磨颗粒一般是 Al_2O_3，得益于其与 W 相接近的硬度，可以获得更高的研磨速率和选择比。研磨液中氧化剂的选择很多，包括 $K_3[Fe(CN)_6]$、$Fe(NO_3)_3$、KIO_3 和双氧水等。但是含有金属离子的氧化剂会将金属离子引入晶圆，因此双氧水是更常用的氧化剂。研磨液中 pH 调节剂的选择也非常重要，也应该尽量避免含金属离子，否则金属离子会因其进入衬底和介质而导致芯片的可靠性和器件寿命降低。W 的 CMP 研磨液中还需要添加表面活性剂，它影响着研磨颗粒的分散性、副产物的污染和清洗难易程度等。由于抛光后的 W 表面活性高，且研磨液中大量存在的纳米粒子、副产物、抛光垫碎屑等，W 表面产生杂质残留缺陷的概率很大，因此在 W 的 CMP 后清洗是必不可少的步骤。

3. 铜（Cu）的 CMP：1997 年 9 月，IBM 宣布在集成电路生产线中引入铜互连技术的消息。2001 年，Intel 公司采用基于铜互连技术的 0.13 μm 工艺生产出了中央处理器（CPU）。至此，在先进集成电路中 Al 互连逐渐被 Cu 互连所取代，从此芯片的寿命和可靠性进一步得到提高。这一切归功于 Cu 具有阻抗低、抗电迁移性能好等特点。然而，由于 Cu 原子的扩散能力较强，容

易造成器件失效和 Cu 导线变窄或断路，因此需要采用抗铜扩散阻挡层材料把 Cu 导线包裹起来，即在沉积 Cu 之前要先沉积扩散阻挡层材料，如 Ta、TaN、TiN 等。

Cu 的 CMP 工艺通常分为三步：首先是粗抛，快速去除大部分多余的 Cu；然后是精抛，降低研磨速率精抛除去阻挡层上的 Cu，采用终点检测技术控制研磨停在阻挡层；最后是阻挡层抛光，除去 Cu、阻挡层和少量的低介电常数介质材料，如图 7.5 所示。整个过程通过研磨液反复氧化、钝化、磨除，实现 Cu 的全局平坦化。

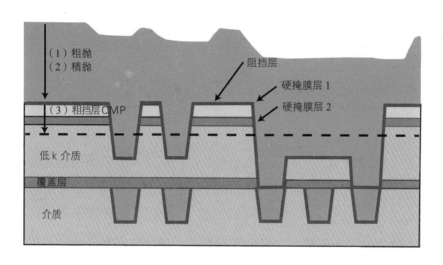

图 7.5 Cu 的 CMP 过程示意图

在 Cu 的 CMP 工艺过程中主要涉及到 Cu 的研磨和阻挡层研磨，因此研磨液需要采用两种：Cu 研磨液和阻挡层研磨液。Cu 研磨液包含有研磨颗粒、氧化剂以及成膜剂等，其中氧化剂用来腐蚀溶解表面的 Cu，生成产物如下：

$$Cu \longrightarrow Cu_2O \longrightarrow CuO \longrightarrow Cu(OH)_2$$

Cu_2O、CuO 和 $Cu(OH)_2$ 在碱性条件下不会溶解，会在表面形成钝化膜，保护下层 Cu，防止氧化剂的进一步腐蚀和降低表面金属硬度。研磨颗粒通常是 Al_2O_3 或者 SiO_2，其可以磨除凸出的钝化膜而暴露出下层 Cu，而凹处的钝化膜不被溶解。阻挡层通常为含 Ta 的复合薄膜，硬度很大。在碱性阻挡层研磨液中，Ta 可以与水中的 O_2 发生如下反应：

$$4Ta + 5O_2 \longrightarrow 2Ta_2O_5$$

$$2Ta + 10OH^- \longrightarrow Ta_2O_5 + 5H_2O$$

　　研磨液中的黏合剂对 Ta 具有很强作用，最终形成可溶性的铵盐被研磨液带走。低介电常数介质材料在 CMP 过程中，会发生 –CH₃ 被 –OH 取代反应，所形成的水合层质地较软，很容易被研磨颗粒机械去除。具体反应如下：

122

　　相比于 Cu 的 CMP 中的第一步和第二步，第三步的阻挡层的去除过程更加复杂。首先，研磨去除的材料包括 Cu、阻挡层和低介电常数介质材料，所以需要考虑三种不同材料的研磨速率的差异。若 Cu 的研磨速率过快，就会在其互连线上产生碟形缺陷；若低介电常数介质材料的研磨速率过快，会对介质造成腐蚀作用。其次，由于阻挡层材料和 Cu 的腐蚀电位不同，界面处会发生局部电偶腐蚀。最后，低介电常数介质材料的机械强度较差，因此为了防止机械破坏的产生，Cu 的 CMP 第三步需要在低机械压力下进行。当前，Cu 的 CMP 工艺仍然存在一些问题和挑战，譬如，在先进工艺中 Cu 互连线的电阻对厚度变化很敏感，因此需要降低 CMP 工艺对 Cu 互连线电阻的影响；器件特征尺寸的减少和互连线密度的增大导致的低介电常数介质材料的变化也为 Cu 的 CMP 提出了新的挑战。

　　CMP 在为集成电路领域延续摩尔定律起着重要的作用，其已经成为芯片制造领域不可或缺的工艺。除了以上介绍的几种介质和金属的 CMP 外，CMP 在先进逻辑芯片中的高迁移率沟道材料、局部互连的先进接触材料、存储芯片中埋入字线结构的制备过程中具有举足轻重的地位。虽然 CMP 技术在集成电路领域的发展已经有几十年的历史，但是对 CMP 机理模型的研究仍未能清

楚透彻。CMP 机理的研究对机台和耗材的发展具有极大的推动作用，同时对复杂工艺的重现具有重要的指导意义。当集成电路制造进入 5 nm 以下的技术节点后，更小更薄的器件和薄膜对 CMP 工艺提出了更高的要求，包括 CMP 机台的精度和控制、耗材的成本和缺陷控制等。此外，随着新材料的不断引入集成电路制造领域，该如何使其平坦化也是亟需研究的课题。

第八章 "穿上盔甲，整装出发"
——芯片的封装工艺

硅片的减薄

一块小小的硅晶圆上，实际上有着四四方方、密密麻麻的芯片。如果要把芯片比作盔甲的话，硅片的减薄就像是工匠在细心地打磨盔甲的背面，在减轻盔甲重量的同时，发挥出盔甲更高的性能。比如，硅片减薄后，能够提高芯片的工作性能，因为更薄的芯片有利于热量及时耗散，提高芯片的散热速率，防止温度过热烧坏芯片；芯片厚度的减小有利于减小芯片封装的体积，便于芯片小型化，符合当前设备微型化、便捷式的发展趋势；提高后续芯片切割的加工成品率，更薄的硅片有利于芯片的切割，可以有效地避免切割过程中出现崩边、崩角等现象；芯片厚度越薄，元件之间的引线也更短，从而减小元件之间的导通电阻，芯片功耗降低，运行速度更快，实现更高的性能。

硅片的减薄工艺是对硅晶圆的背部基底硅材料进行减薄处理，使其厚度减小到 8~10 mil（1 mil = 25 μm），以去除背部的损伤，达到后续封装和芯片物理性能的要求。减薄技术主要有研磨、磨削、化学机械抛光、干式抛光、电化学腐蚀、湿法腐蚀、等离子增强化学腐蚀和常压等离子腐蚀等，从一开始的物理方式研磨处理，到后来的化学反应处理，以及两者结合等处理方式，技术在不断地进步发展。

工业生产中硅片的背部减薄处理通常采用成本较低且生产率较高的研磨

磨削工艺，主要通过粗磨、精磨和抛光三个阶段来实现硅片减薄以此创造更大的商业价值，为市场提供价格低廉，性能高效的产品设备。硅片减薄的具体工艺流程主要是，首先将硅片送入贴片机，在硅片正面贴上保护膜，以保护硅片正面的电路区域在减薄过程中不受损伤；然后利用真空吸附把硅片稳定地固定在承片台上，保证在研磨的过程中器件不会位移影响研磨的均匀性；最后驱动磨轮，利用硅片与磨轮之间的摩擦来进行磨削。磨削的过程中，通常先选用磨粒直径为 40~50 μm 的金刚石磨轮进行粗磨处理，以提高减薄效率。随后选用磨粒直径为 4~8 μm 的金刚石磨轮进行精磨处理，以消除粗磨产生的较大损伤。为了消除精磨处理后硅片表面微裂纹及残余应力、减小硅片表面损伤层的深度，还需要对硅片进行抛光处理。经过三次阶段的处理，芯片的厚度大大降低，表面损伤也得到了降低，以便后续芯片的封装处理。

芯片的切割

芯片的切割是指利用机械切割或激光切割等方法，将硅片表面上密密麻麻的芯片切割成一个个独立的芯片，就如同士兵从武器库中取出一个个摩砺以须的盔甲一样。上文提到的硅片的减薄，是对一片硅片上的所有芯片进行批量处理，接下来芯片的切割是将一片硅片上的芯片与芯片分离开来，以便于后续的单独封装处理。

传统的芯片切割加工方法为金刚石切刀切割，用高速旋转（每分钟30000~40000 转）的切刀切割硅片，使其分裂成多个独立的芯片。由于是机械式加工，切割容易造成硅片破裂、断面粗糙、有少量的微裂纹和凹槽、崩边和崩角现象严重，加工成品率较低。随着芯片行业使用的硅片越来越薄，导致硅片越来越脆，而且芯片之间的切割道也越来越窄，金刚石切刀切割这种机械切割法不再适用于尺寸较小的芯片的切割。

当传统的方式解决不了技术发展中的新问题，创新的解决方法便应运而生。激光切割凭借其优势脱颖而出。激光切割是利用激光器系统发射的高能量密度激光对芯片进行切割。在使用脉冲激光的激光切割过程中，激光的光子被硅吸收，激光提供足够高的能量以打破硅片的晶格，硅片被迅速融化、蒸发，从而达到芯片切割的目的。由此可见，激光强度高，其能量集中的优势能够很好地解决传统切割中切割破损，无法切割小型芯片的问题。

与机械切割相比，激光切割的设备损耗率较低，不需经常更换砂轮或金刚石钻头。由于激光的能量集中，对非加工的部分影响较小，可进行更为精细的复杂图形的加工，因此适用于较窄的切割通道。而且激光具有很高的能量密度，也使得其具有很快的切割速度，效率较高。

芯片的贴装

芯片的贴装就是将芯片与引线框架黏合在一起，令芯片与引线框架上的芯片焊盘黏接起来，实现芯片与引线框架的电气连接。引线框架是实现芯片与外部导线进行电气连接的一种关键结构件，利用引线框架才能完成下一步芯片的互连和线焊接，实现芯片与外部导线完全的电气连接。我们可把芯片的贴装当成是把盔甲穿在将军身上的第一步，将头盔、护项、胸甲、臂甲和腿甲等基本的部件放置在身上，但却还没有紧紧地贴在将军身上，需要下一步工艺将这些部件与将军的身体完全贴合。

芯片贴装的方法有共晶焊接法、导电胶黏接法、银浆黏接法、环氧树脂黏接法、低熔点玻璃黏接法和焊接黏接法。根据不同的芯片种类和封装方法，可以选择不同的贴装方法。这里，我们将介绍最常用的两种方法：共晶焊接法和导电胶黏接法。

共晶焊接法是利用高温进行共晶反应，实现共晶合金材料之间互熔，产生共晶体，从而把芯片和引线框架焊在一起。共晶焊接是在共晶系统的共晶点温度以上，将两种或多种固相熔化成一种液态的共溶体，然后利用共晶反应，在共晶点温度以下，液态的共溶体同时结晶出具有多种成分的固态的共晶体。这种共晶体是含有两种或多种固相的，一种具有固定化学比例的晶体，固相之间机械地混合在一起。目前已经有多种共晶系统被用于共晶焊接法中，如金－硅、金－锡、金－锗、铝－锗等。

金－硅共晶焊接具有焊接强度高、焊接温度较低、机械稳定性好等特点，但由于其生产效率较低，不适合高速自动化的生产，目前主要用于有特殊导电性要求的大电流、大电压管贴装中。当硅和金的原子比约为1∶4时，形成的金－硅共熔体的共晶点温度为363℃，远低于金熔点1063℃和硅熔点

1414℃，因此可以用不太高的温度形成金－硅共晶体，达到金－硅共晶焊接的目的。

在金－硅共晶焊接过程中，首先通过升高温度实现金和硅材料的熔化，然后利用超声频率振动或压力作用的方式，令金、硅材料共熔成液态的金－硅共晶。共晶体填满芯片与引线框架之间的空隙，使得芯片与镀金引线框架能够紧密接触。待液态的金－硅共晶润湿芯片的整个焊接面后，让温度降低到共晶点温度（363℃）以下，液态的金－硅共晶开始相变为以晶粒形式结合的固体，从而将芯片与引线框架牢牢地焊接在一起。

导电胶黏接法是使用导电胶在芯片和引线框架之间形成一层连接层，进行芯片的贴装。通常往高分子黏结剂（如环氧树脂、聚酰亚胺及硅氧烷聚酰亚胺等）中添加导电的金属颗粒（如银颗粒）来实现导电功能。添加的金属颗粒决定了导电胶的导电、导热性能。环氧树脂胶黏剂固化温度低（125~175℃）、黏连强度高、导热率和导电率低、工艺简单且成本低廉，被广泛地用于微电子封装。导电胶黏接法的具体步骤如下：首先升高温度使得导电胶成熔融状态，待导电胶浸润覆盖整个芯片的焊接面时，降低温度使得导电胶固化成热固性塑料，便可连接芯片与引线框架，达到芯片贴装的目的。

127

芯片的互连

芯片的互连是将芯片上特制的焊区与引线框架上的焊区连接起来，建立起芯片和外部的电气连接，确保芯片能够与外界顺利地进行输入和输出。类比来看，芯片的互连就像是在将军穿上一个个盔甲部件后，将一个个盔甲部件紧紧地贴合在将军身体上，使得将军能自如挥盔甲的实力。

主流的电气连接方法主要有引线键合、载带自动焊和倒装焊，如图8.1所示。引线键合是将芯片焊区与引线框架的管脚用金属细丝（如金线、铜线和铝线）连接起来的一种芯片互连的工艺技术。其工艺简单、成本低廉、成品率高、缺陷率低且具有很强的灵活性，适用于各种封装形式，是芯片封装最多采用的互连方法。

引线键合的基本原理是提供能量破坏芯片被焊表面的氧化层和污染物，使焊区金属产生塑性形变，并使金属细线与焊区金属之间紧密接触，达到原

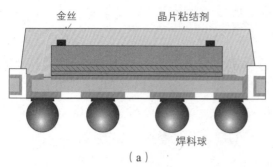

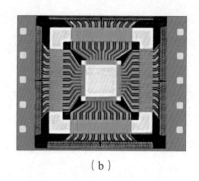

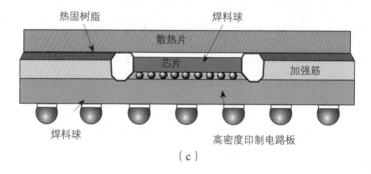

图 8.1　主要互连方式
（a）引线键合；（b）载带自动焊；（c）倒装焊。

子间引力范围，从而导致界面处发生原子扩散，形成焊点。引线键合工艺主要有三种：热压键合、超声波键合和热超声波键合。热压键合是对被焊接的金属引线施加一定压力，使得两种金属之间紧密接触，交界面处几乎接近原子力的范围，随后高温加热使得两种金属之间相互扩散，完成紧密焊接。超声波键合则是当两种金属在压力作用下紧密接触时，在焊接处施加超声波频率的振荡，破坏两种金属交界面处的氧化层，并促进两种金属交界面的动态回复与再结晶，使得两种金属之间完成焊接。而热超声波键合则是在热压键合的基础上，同时施加超声波处理，实现引线的高质量焊接。

　　根据引线键合结束后焊点的形状，引线键合又可以分成球形焊接和楔形焊接。球形焊接是目前使用率最高的线焊接方法。球形焊接所用的键合头为圆形毛细管键合头。金属丝从毛细管键合头的进丝孔中伸出，并在电火花的作用下进行热压键合，在进丝孔处形成球形金属，实现线焊接。由于形成的是球形焊合点，因此金属引线可以从任何角度引出，焊接速度快，可达 14 点 / 秒。另外，楔形焊接也是常用的引线键合方法之一。楔形焊接用的焊线工具为楔形劈刀，在其尾部有一个呈一定角度的进丝孔。金属丝从劈刀的进丝孔中伸出，利用超声波能量键合形成楔形焊合点，实现线焊接。楔形焊接的温度相较于球形焊接来说较低，且焊合点尺寸较小、引线回绕高度较低，成品率高于球形焊接、适合焊接点间距小、密度高的芯片连接。但由于形成的是楔形焊合点，因此金属引线只能沿着回绕的方向排列，限制了楔形焊接的焊接速度。

载带自动焊是一种将芯片组装在金属化柔性高分子聚合物载带上的一种芯片互连的工艺技术。内引线键合是将裸芯片组装到 TAB 载带上，外引线键合到常规封装或是 PWB 上，整个过程均自动完成。载带自动焊与引线键合相比，封装高度小；单位面积上可容纳更多的引线；采用 Cu 箔引线，导热、导电及机械性能好；键合强度是引线键合的 3~10 倍。

倒装焊是指通过芯片上的凸点（铅锡、金、镍或者导电聚合物）直接将芯片面朝下用焊料或者导电胶互连到基板（载体/电路板）上的一种芯片互连的工艺技术。"倒装"是相对于引线键合和载带自动焊而言的，因为这两者是将芯片面朝上进行互连的。由于芯片通过凸点直接连接基板和载体上，倒装芯片又称为 DCA（Direct Chip Attach）。

倒装芯片技术具有以下特点。小尺寸：小的 IC 引脚图形，大大减小了封装高度和重量；功能增强：面阵列能增加 I/O 的数量，使得在更小的空间里进行更多信号、功率以及电源等的互连；性能增加：短的互连减小了电感、电阻以及电容，使得信号延迟减少、具有较好的高频率特性；散热提高：倒装芯片没有塑封，背面也有较好的散热通道，提高了散热能力；低成本：在晶圆上批量化制备凸点，大大降低了生产成本；倒装芯片技术与表面贴装技术相兼容，可同时完成贴装与焊接。

芯片的塑封压模

塑封压模是对互连后的芯片进行塑料封装处理，使得芯片与外界隔绝，避免外部空气中的水蒸气等物质与芯片、引线等部件发生相互作用、产生腐蚀，避免不必要的信号损耗，保护芯片，使其能与外部导线保持稳定的电气连接，且有效地将芯片产生的热量释放到外界，避免芯片因为热量散失过慢而被烧坏。塑封压模的过程就像是工匠为盔甲重新上漆上釉，隔绝空气以防止盔甲生锈，使盔甲能够长期保持良好的状态，为将军出征保驾护航。

常见的封装形式有塑料封装、陶瓷封装和金属封装。塑料封装具有成本低廉、工艺简单、重量较轻及适用于小型化封装等优点，目前97%以上的集成电路都采用塑料封装。但塑料封装的散热性、耐热性、密封性和可靠性都低于陶瓷和金属封装。陶瓷封装和金属封装成本较高，一般用于分立元件和高可靠性要求的芯片封装。

塑料封装的成型方法有递模成型法、浇铸成型法及滴涂成型法等。其中递模成型工艺简单，得到的塑封件外形一致性好、成品率高，而且耐湿性能好，适合工业化生产，是目前塑料封装最被广泛应用的工艺。

递模成型的工艺流程图如图8.2所示，首先将引线框架预热后放在模具上，然后将上、下模具进行合模，等上、下模具完全闭合后，往料筒中添加塑封用的塑封材料。上、下模具的温度较高，塑封材料会在高温下熔融，然后在传递压柱的压力下，填充到各个腔室，待塑封材料填充完毕后，塑封材料在一定的温度和压力下进行固化，从而完成塑封压模。

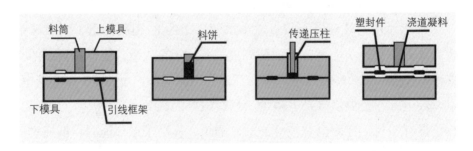

图 8.2　递模成型的工艺流程图

在微电子塑料封装中，90%以上的塑封材料都用环氧模塑料，它是由环氧树脂为基体，掺入固化剂、催化剂、惰性填充剂、黏合剂、脱模剂及增塑剂等混合而成的多元包封树脂。环氧模塑料的黏度低、流动性好，塑封过程中不会引起集成电路芯片内部结构的变形，能将芯片和引线框架稳定地包裹起来，提供物理和电气保护。而且环氧模塑料种类很多，有高电导型、低应力型和低线胀系数型，可根据后续封装和芯片的需要选择不同型号的环氧模塑料。

芯片的修整与成型

在完成塑封压模之后，我们还需要对芯片进行修整，去除多余的树脂胶和毛边，并镀上一层保护层。具体分为两个步骤：第一，去除塑封残留物。塑封压模后导线架上会残留多余的塑封有机物，前文中已提到，大部分塑封残留物主要为大分子的有机物，这些有机物可以被弱酸所溶解，因此采用弱酸浸泡，残留物部分会溶解在弱酸中，而导致架上残留物浸泡后松动，之后再用高压水进行冲洗，保证残留物的完全去除。第二，表面电镀。利用金属和化学的方法，在导电框架表面镀上一层防护层，以防止外界环境中潮湿和热量的影响，并增加外引脚的导电性与抗氧化性。镀膜后，可在高温下烘烤一段时间，消除电镀层表面由于潮湿环境和温度变化在电镀过程中生长出的须状晶体，防止芯片的引脚发生短路现象。这就好像是工匠最后还需要修整一下盔甲上的小瑕疵，使盔甲更加坚固，为将军披袍摜甲做好准备。

芯片修整完成后就需要对外引脚进行成型，可以通过不同的工艺把外引脚弯曲形成海鸥形引脚、直插式引脚和 J 形引脚等不同形状，以满足芯片在不同场景下的应用。图 8.3 展示了几种常见的封装引脚形式。

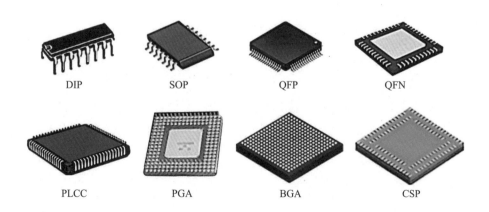

图 8.3 几种常见的芯片封装引脚形式

完成芯片的整个封装流程后，需要对封装品进行可靠性检测。所谓养兵千日，用兵一时，训练有素的士兵、闪闪发光的宝剑铠甲，需要在战场上见真章。同样的，封装品的可靠性表现在产品的寿命是否合理、在各种恶劣环境参数中是否能正常工作等。高可靠性是先进封装技术研发的重要指标之一。目前，工业标准的封装品可靠性测试项目有六项，如表 8.1 所示。

表 8.1 可靠性测试项目

可靠性测试项目	测试项目简称
温度循环测试（Temperature Cycling Test）	T/C Test
冷热冲击测试（Thermal Shock Test）	T/S Test
高温储存测试（High Temperature Storage Test）	HTST Test
稳态湿热测试（Temperature & Humidity Test）	T&H Test
高压蒸煮测试（Pressure Cooker Test）	PCT Test
超声波检测（Scanning Acoustic Tomography Test）	SAT Test

温度循环测试（T/C Test）是将产品放入温度循环试验箱中，在热腔和冷腔之间来回停留一段时间，循环一定次数，然后测试电路性能好坏，以检测芯片能否通过温度循环测试。温度循环测试的参数共有 4 个：热腔温度、冷腔温度、单腔停留时间和循环次数。相对温差越大，停留时间越长，循环次数越多，则表明该封装体热胀冷缩的可靠性，耐久性好。

冷热冲击测试（T/S Test）原理与温度循环测试原理相同，但冷热冲击测试用液体填充热腔和冷腔，液体的导热更快，因此温度转换速度更快，有强的热冲击力。冷热冲击测试的参数共有 4 个：热腔温度、冷腔温度、单腔停留时间和循环次数。最终也是测试电路性能好坏来判断封装体能否通过冷热冲击测试。

高温储存测试（HTST Test）是将封装体放在高温氮气腔室中储存，测试产品高温寿命。测试的参数有储存温度和储存时长。高温下，封装体材料之间可能发生扩散作用，导致产品损坏。某些温度性能不好的材料也可能损坏。

可以根据高温储存测试结果来对封装工艺进行改良，如多使用同种材料进行封装，避免物质间的扩散。

稳态湿热测试（T&H Test）是将封装体置于一定温度和湿度的环境中，测试产品的寿命。测试参数有温度、湿度和测试时长。环氧模塑料具有一定的吸湿性，在湿度较高的情况下，内部电路很容易受潮，造成电路性能损坏。可以根据稳态湿热测试来改善环氧模塑料的材料成分从而改善其防潮特性。

高压蒸煮测试（PCT Test）与稳态湿热测试相似，是将封装体置于一定温度和湿度的环境中，并对其施加一定的压强以缩短测试的时长。测试参数共有 4 个：温度、湿度、压强和测试时长。高压蒸者测试同样反映了封装体的防潮性能的好坏。

超声波检测（SAT Test）是利用扫描声波显微镜检测产品内部的裂缝、气泡等细微缺陷的大小、形状和位置，测试封装体的内部结构是否损坏。

通过可靠性测试项目可以评估产品的可靠性，并反映封装工艺的好坏。同时也可以根据可靠性测试项目的数据来改善封装工艺，从而提高产品的可靠性能。

给芯片加个代码——标记

通过可靠性测试后，就可以在芯片表面进行标记印字，记录相关生产的信息，如产品的型号、规格、制造厂商和生产批号等重要信息。就如同每个人都有自己的身份证一样，每一个芯片都有自己独特的编号，方便工程师、用户等进行识别和维修。在芯片上进行标记的方法有许多，通常采用丝网印刷、激光刻字的方式进行打标。丝网印刷工艺是以丝网作为基版，用含文字的部分中空透过油墨，不含文字的部分不透过油墨的原理进行打标。激光打标则是用激光束照射在芯片表面上，产生高温，从而烧蚀出文字。激光打标具有很多优点：加工精度高，可达到微米量级，可用于超精细打标；热影响区域极小，芯片不易加工变形，不伤害加工件表面，成品率高；能实现芯片的永久性标记，标记牢固不易消退；由计算机系统控制，灵活性高。激光打标能弥补传统丝网印刷工艺的不足，目前已占有 90% 以上的打标市场。

参考文献

［1］关旭东.硅集成电路工艺基础（第二册）［M］.北京：北京大学出版社，2014.

［2］施敏，李明逵.半导体器件物理与工艺.第3版［M］.苏州：苏州大学出版社，2014.

［3］刘斌.快速热退火对CZ硅片中点缺陷和洁净区形成的影响［D］.北京：北京有色金属研究总院，2002.

［4］伍强等，衍射极限附近的光刻工艺［M］.北京：清华大学出版社，2020.

［5］王晓芬，王晓枫.微电子塑封传递成型技术的分析与研究［J］.机械工程与自动化，2007，0（2）：166—168.

后　记

　　自从 1947 年晶体管发明以来，70 多年的芯片技术发展已经对人类的生活方式和社会形态产生了深刻的影响，引发了翻天覆地的变化。以芯片为核心的智能电子产品渗透了经济社会的各行各业，走入了千家万户，成为了人们衣食住行以外最重要的生活必需品。在万物互联、数字化、智能化的理念广为普及的今天，芯片产业在国民经济中比重日益增加，其重要性已达到关乎经济发展命脉的战略高度。

　　集成电路的制造是芯片产业链中关键的一环，起着极为重要的承上启下的作用，同时也面临各种挑战。在我们运用芯片技术发展赋予的生产效率和能力，享受它给我们生活带来的便利时，我们不能忘记在芯片产业链各个环节中辛勤耕耘的工程技术人员，特别是在晶圆制造行业一线日夜奋战的工艺工程师。由于晶圆制造工厂对洁净度要求非常高，工程师和操作技术人员必须穿戴包裹严实的工作服，在 7 天 24 小时运行的工艺线上，操作价值千万甚至数亿的昂贵设备，使用 4~5 个 9 的高纯度化学品，加工最小线宽仅几个纳米、厚度几个埃的薄膜，追踪 ppb 级别的缺陷。本册仅对他们工作内容做了些粗浅的介绍，难以完全描述工艺线上工程技术人员的艰辛，更无法体现他们对半导体芯片事业的热爱。

　　由于芯片制造技术的复杂性，需要不同技术工种的专业人员的通力合作。由复旦大学微电子学院的多位教授共同编著而成的本书，也体现了同样的分工合作精神。本书各章节编撰分工如下：俞少峰老师负责第一章芯片简介和第二章芯片制造工艺整合制程，伍强老师负责第三章光刻工艺技术，丁世进老师负责第四章材料刻蚀技术、第六章薄膜制备技术以及第七章化学机械抛光技术，卢红亮老师负责第五章掺杂工艺技术和第八章封装工艺技术。这里我们还要感谢各位老师课题组的其他老师和同学们在编撰过程中给予的帮助和支持。